U0258468

如是东方

新中式府园 —— 现代人居哲学

王受之/著

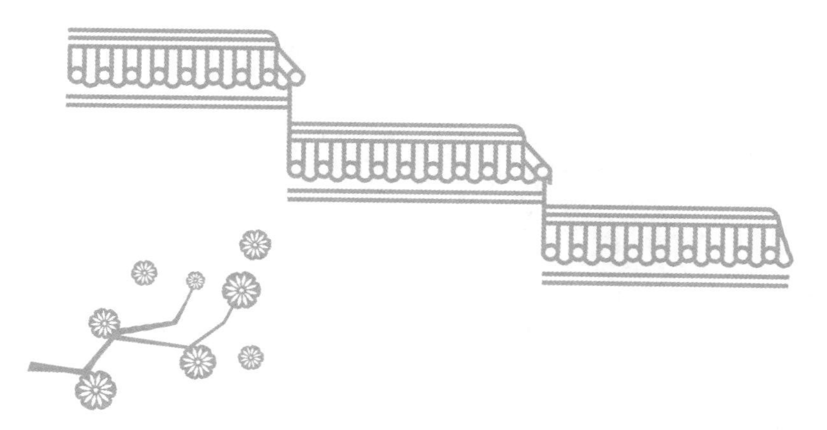

中信出版集团 · 北京

图书在版编目（CIP）数据

如是东方：新中式府园：现代人居哲学 / 王受之
著. -- 北京：中信出版社，2018.6
ISBN 978-7-5086-8987-6

I. ①如… II. ①王… III. ①古建筑－建筑美学－中
国 IV. ①TU-80

中国版本图书馆 CIP 数据核字 (2018) 第 095054 号

如是东方：新中式府园——现代人居哲学

著　　者：王受之
出版发行：中信出版集团股份有限公司
（北京市朝阳区惠新东街甲 4 号富盛大厦 2 座　邮编　100029）
承 印 者：北京盛通印刷股份有限公司

开　　本：880mm × 1230mm　1/32　　印　　张：7.25　　字　　数：143 千字
版　　次：2018 年 6 月第 1 版　　印　　次：2018 年 6 月第 1 次印刷
广告经营许可证：京朝工商广字第 8087 号
书　　号：ISBN 978-7-5086-8987-6
定　　价：98.00 元

目录

新中式建筑的探索　东方意境的回归

中粮瑞府项目总经理　夏琦

当今盛世，大国崛起，民族复兴，传统文化日益显其宝贵。而通过建筑的语言，来讲述中国的故事、阐释中国人居源远流长的内在哲学思想，则是中粮·瑞府此次力邀王受之老先生为“中国府园别墅”著书的初衷。

有人说，建筑是一个民族文化和历史的符号，是一种有国界和个性的情感诉求方式，但它可以被全世界的人认同、理解。富有中国传统美学特征的中式建筑风格，是中国上下几千年以来所形成的独特风格，它融合了优雅与庄重的双重气质。新中式便是以中国传统古典文化为背景演绎下的当代设计，并引领着当代建筑设计发展潮流。

《如是东方》向我们重点展现了中国府园文化的传统底蕴、设计手法，中式元素和符号的创新运用，是一本传统文化与现代人居碰撞与融合的新书。

一直在尝试传承和发扬中国建筑与中国生活之美，探索以全球化、现代化的方式创造当代人居的至高境界的中粮地产，承袭中粮集团“自然之源、重塑你我”的中国式人文理想。以新中式美学潜心打造的新一代中国高端居住产品——中粮·瑞府，将中国文化中的礼与序，与自然、居所相结合，又融入时代精神中对于自我的释放，打造当代中国府邸+私家园林的理想居所——府园别墅，可以说让近30年来一直以西方舶来的别墅文化占主导的北京市场，真正出现了中国风。而随着近几年东方审美的强势回归，新中式大热，瑞府实现了市场与业内良好口碑的双丰收，成为当代中国房地产现象级豪宅项目。

从某种意义上来讲，中粮·瑞府是第一个在当代背景中书写中国生活的产品；第一次让传统中国人居文化之魂，在现代建筑中焕发新的魅力；让别墅回归府与园的"府园别墅"更是开创性地实践着新中式建筑现在与未来的探索。

当今中国，笃定、自信、包容且开放。当下的瑞府，亦在强烈的文化自信中，向世界讲述着它的WEALTH（财富）价值观——

1.Widescale（尺度）不同于西方舶来的别墅文化，瑞府的建筑，非"楼"而是"府"——第一次让别墅呈现"单层围园，双层筑府"的一二层姿态。它牺牲了叠加的上层面积，从而换来中国人独有的"低楼体、宅藏林间"

的传统生活意境。也更加符合现代生活对空间使用的需求，平展后的空间比现有的别墅产品增加了近一倍，更为舒展、宽大、通透。且每座府园别墅均有 5~7 个院落，廊回路转之际，建筑与自然相映成趣。

2.dEnsity(低密) 低层府邸建筑掩映在大树绿荫之中，0.68 的超低容积率，96 栋府园别墅散落有致，由外而内望去只见绿荫拥簇。如此精心规划之下，步入社区宛若步入一座私家府邸，内向围合中创造出一片“桃花源地”。

3.privAte（私密）讲究“静”和“净”的府园别墅，通过创新的空间处理、分散式设计以及细节设计，充分保障使用功能和居住私密性，院落内外，宁静、清净相得益彰。

4.Love value（温度价值）住在中国，不只是建筑的外形，还包括中国的生活情感。府园别墅，以传统居住礼序建筑，设计全家族居住空间，不改变每一代人的生活方式，打造有温度的大家族生活场所。

5.THE new China（新中式）借古不拘古，府园别墅去掉传统中烦琐的线条和框架，摆脱中式建筑中对人性的约束和压迫，吸收西方建筑的美，赋予建筑以全新的形象，力求达到理性与感性的完美结合。

序言

6.Heart return（**心之归处**）在营造现代建筑中找回中国悠久的审美传统，瑞府的经典之处，源于它和它的设计者所坚持的空间思想：用带着时间、空间雕刻痕迹的人性和对生活的思考，以其独特的视角，将现代情趣以及对传统发自内心的亲近，用艺术的方式和技艺设计，实现东方意境回归的生命和空间。

艺术家创造一个符号，或者留下一个符号，留给后人判断其价值。中粮·瑞府通过探索中国传统文化的根源，追溯国人居住空间的本源，找寻属于我们自己的审美观和生活方式。亦是一个自我解释、自我认知、自我符号化的过程——

在昨日与明日之间，重新定义“府园别墅”之于当今世界的意义。

如此中国，如是东方。

重新定义“府园别墅”

设计理论和设计史专家　王受之

有一次我去“瑞府”会几个老朋友，刚到京郊就淅淅沥沥地下起了春雨，等到了瑞府前面的大样板间，坐在两层楼高的书房里，看见那细细的雨已在院子的青砖墙上留下了一条条的细痕。春天的雨和冬天的雪一样，都是瑞祥的。值得一提的是，瑞府这个项目从开始建设到现在，短短几年的光景，在温榆河、孙河之间的树林里不疾不徐地默默进行，不显山不露水，就造就了一个这么好的府宅。外面是树林，里面是园林，坐在那里看春雨，有一种平静感，写这本讲设计、讲追求的书的念头就是在那祥瑞的春雨中形成的。

我是一个研究设计理论的人，正因为工作关系，参与了许多具体的设计项目。虽然一直在大学里教书，但我很早就担任具体设计项目的顾问工作。早在 1996 年前后，我就受国内一些规模较大的开发公司邀请，回国参与开发项目的设计顾问工作。二十几年来，可以说是走遍大江南北，参与过几百个大型项目的设计咨询工作，对各地的

前言

项目有一定的了解。

北京把最好的别墅住宅区叫作“中央别墅区”，我接触这个地方比绝大多数人要早。那是2003年前后，当时这里还没有形成别墅区，交通不便，项目的区位有些偏远，有个开发公司在这里策划了一个6 000亩的地中海风格的别墅项目。我在现场的白杨树林中走来走去，看见温榆河上的野鸭忽而飞起，在北京很难见到这样的野趣景观，我当时就感觉这里有可能成为北京高端住宅比较理想的发展区位，因此对陪我看项目的人说：“你们何不按照‘中央商务区’（Central Business District，简称CBD）的称谓，把这片区域叫作北京的‘中央别墅区’（Central Resort District，简称CRD）呢？”之后的几年，“中央别墅区”的叫法居然真的出现了。

虽然北京的西郊、北郊，五环和六环之间都有一些高端住宅区，但是因为区位方便，特别是因为距离机场比较近，大部分的北京好宅子都集中在东面。在北京城市副中心通州到机场高速之间，分布着不少的高端住宅小区，这里有几条平静的河流：温榆河、潮白河等等。出了东五环，就可以看见这片别墅区在一大片高大的杨树林里若隐若现，建筑风格各异：有纯粹欧陆风格的，也有Art Deco

（艺术装饰）风格的，而新中式是最近才出现的。我这次去看的“瑞府”就是新中式风格的一个高端住宅区。

写这本关于府宅的小书，我也踏踏实实地思考了国内独栋住宅发展的问题。“瑞府”的建筑、景观风格均是走新中式方向的，而在国内的住宅小区设计、规划中，的确有一股探索是中式的，在过去近20年中，走出了一条颇为特别的新路。如果用这个项目来对新中式建筑的发展进行一个阶段性总结，我脑海里立即闪现出了四个需要谈到的范畴：第一个范畴是现在市面上很常见的“府宅”，或者说院落形式的豪宅，国内现在高层建筑的豪宅越来越多，因为是高层，不接地气、没有院落，不是这本书需要讨论的类型；第二个范畴就是历史上的“府宅”形式和内容，因为我们现在设计新中式住宅，内部结构、配饰、设备自然是西式的，但是在布局形式、建筑风格、景观内容方面，则以中式为主，用框架结构、现代设备、现代生活风格来建筑中式院落住宅，便需要好好了解一下历史的府宅；第三个范畴就是如何探索新中式；这样才延续到第四个范畴，也就是本书的由来——“瑞府”的设计和现状，以及我对瑞府的感受。

“瑞府”是一个从传统形式、传统布局和传统生活出发而规划、设计的住宅项目，能给人很多启发和思考。可以说，“瑞府”提出了关于设计理念的思考，包括对于传统与现代化的关系、世界与中国的建筑、中国居住文化和自然的关系、建筑对推进家庭和邻里关系的思考。这四个方面是可以形成一整套住宅设计的理论体系的。也正是基于这些思考，我写成了这本书。

本书夹叙夹议，希望能够使读者学会欣赏中国传统住宅之美，也希望有识之士能够对住宅设计提出一些新的思路。

第一部分

宅院文化

第一章

从宅说起

住宅贯穿我们每个人的整个生命，也贯穿人类的整个文明。

人类最早的建筑就是住宅，建筑是从住宅的形式发展起来的。在人类早期，建筑的功能是统一的，就是供人居住。因此，住宅是历史上出现最早、最基础、最大量的建筑类型。现在如日中天的房地产，买卖的大多还是住宅，对于多数人来说，他们为自己的住宅投入了收入的最大部分，在住宅中度过了人生 1/3 以上的时间。

好的住宅对于我们每一个人来说都是非常重要的。那么，好的住宅应该满足哪些条件呢？查阅建筑历史，古罗马建筑家维特鲁威（Vitruvius）在他的《建筑十书》（*De Architectura libri decem*）中提出了三个条件：耐用（durability）、功能好（utility）、美观（beauty）。这三条原则被用来作为评判建筑优劣的准绳已经有 2 000 年了，迄今依然适用。我们对待建筑的态度，也总是看住宅地点、建筑质量、空间大小，以及户型是否合理、好看与否这么几个条件，作为市场的商品，还要加上性价比，即买卖房屋的准绳。

人类早年的住宅基本都是独栋的，叫作独立住宅（single house）。即便连在一起成为村落，也是各自为政，尽管公用墙壁、街道系统串通，独立的宅子还是比例最高的，那些城市屋、联排住宅、多层公寓都是工业化之后的产品。

现在很多开发公司用来形容有特点的独立住宅时，都会称之为“府宅”，相当于英语中的“mansion”，其实就是大宅子而已。

府宅的基本意思是官署、邸宅。《隋书 · 高祖纪上》曰：“宜建都邑，定鼎之基永固，无穷之业在斯。公私府宅，规模远近，营构资费，随事条奏。”宋朝吴自牧撰写的《梦粱录》，这是一本介绍南宋都城临安城市风貌的著作，全书共20卷，其中《梦粱录 · 顾觅人力》中记载：“如府宅官员，豪富人家，欲买宠妾、歌童、舞女、厨娘……但指挥便行踏逐下来。”

中国古代对“府宅”的称谓是有严格规定的。《宋史 · 舆服志》中记载，执政官及亲王的房子称为“府”，其他官员的房子称为“宅”，草根百姓的房子称为“家”。这个规矩乱不得。《水浒传》中的柴皇城，职务不高，皇城使，相当于武功大夫，正七品。他家住房虽然敞阔、精致，却只能称为“宅”。《水浒传》第五十三回中，殷天赐带混混打伤柴皇城，柴进从横海郡急匆匆赶来探视，“入城直至柴皇城宅前下马”。第三十回，武松随同众人，“到得张都监宅前”。张都监，名叫张蒙方，是孟州守御兵马都监，州里的一个小差遣官而已。柴皇城和张都监，如果把“宅”说成“府”，会马上进监狱。

相国这一级别的人的住宅，是可以叫作“府”的。南宋理宗朝丞相崔与之，退休后回蜀地老家，建造大房，壮丽无比。有个李姓同乡，钱多到烫手，对崔府由羡慕变为嫉妒，一发狠，聘请建造崔府的那班工匠，在自家地盘造房，新居落成，结构风格都和崔府一模一样。不过，他家牌匾上却只能写“李宅”，不能写“李府”。

这种特殊的命名规定，是特定条件下的产物，随着中国封建社会的结束，这些已经成为历史。现在，“府”和“宅”往往通用，甚至可以合在一起用。当我们提到“府宅”时，一般指的是身份比较尊贵的人的居住之地，其实也算是对住宅的一种尊称。

外国人总是不理解，房子而已，为什么还有如此多的叫法上的讲究。确实，在中国文化里，对居所的追求好像一直特别热切和强烈，那是因为“房子要安放的不仅仅是人的身体，还有灵魂”。

著名文化学者张颐武认为："儒家文化的基础是农业文化，对长幼有序、尊老爱幼的大家庭文化非常看重，追求'敬'的居住文化。同时，道家又要求'静'，除了大家庭的和谐之外，还需要内心的安静与和谐，类似于植物的生活。此外，佛家要求'净'，像水一样的洁净。""敬""静""净"这三个字是中国历史传承下来的居住文化核心，与西方有着极大的不同。"西方奢华、阔达、张扬；中国则内敛、含蓄，大秩序是儒家的，心灵是道家的，但是摆设和小景又时刻体现佛家的境界。"

中国人讲究"修身齐家治国平天下"，几千年来中国人一直在奋斗，不断地进取，为世界做出了很多贡献。同时，中国人也很注重内在生活，安静地感受大自然的气息、节律。"宅"就是安放生命、安放心灵的地方。心在哪儿，宅就在哪儿，所以它更多是心灵层面的概念，是一个适合自己、值得眷恋的地方，能感受到人与居住之所是和谐地联系在一起的。

现代中国的宅有两个大的特点。一是"大"，大宅。过去人们住在大杂院或者挤在单位分的小宿舍里，太痛苦了，没有任何私密性。因此，一旦条件好点儿，就想居住的空间尽量大点儿。所以，改革开放后，房地产的第一步是满足了"大"的需求。第二个特点是"豪"，塞得满满的，恨不得把世界各大洲的风格、元素全都搬过来。我曾在珠江三角洲地区工作，去过一些富豪的家，他们大多在客厅中间悬挂巨大的所谓“巴洛克”式的大宫灯，无处不是西班牙、意大利的大理石铺面，家具镶金镀银，金光灿烂，假古董铺天盖地，实在是很恶俗。

中国与世界接轨，其实是想向西方看齐，这是因为百年来中国人所有的文化想象都是在靠拢更优越、更发达的西方。可以看到，中国古代的居住文化在现代化过程中断档了，而新的文化并没有及时有效地建立起来。今天我们的住宅设计传承性不够，就是因为没有深厚的历史文化积淀。

张颐武说：“居住文化就是房地产行业的盐，它看不见、闻不到，但却潜移默化地渗透在钢筋水泥的各个层面。”这一点我非常认同。

我在北京设计周及在广州的活动中几次见到张颐武老师，和他交换了关于府宅的意见，我们在许多看法上是一致的。

只有符合中国人居住文化的建筑，才是真正的中国府宅。

王爱之
2017.3.1

第二章

院落文化

作为中国人，我喜欢中国形式的建筑，其中很重要的一个元素就是院落。院落是在有限的居住空间中，努力和自然联系的一个最佳的方法，在中国已经有上千年的历史，也早已融入了中国建筑文化。

许多年以前，我曾经看过何家槐（1911—1969）先生写的一本《旅欧随笔》（1959年，中国青年出版社出版），记载的地方大部分是在中欧，奥地利、德国和波兰，回忆起来，印象不太深了，但是书中描写客逝他乡的钢琴家肖邦在波兰故居那一节却记忆犹新。

肖邦故居位于华沙西北约50千米的一个幽静小村热拉佐瓦·沃拉。周边是巨大的花园，背靠乌特拉塔河（Utrata River），一排白色的小屋掩映在绿树鲜花之中，室内保留着当年的风貌，存放着肖邦少年时代的作品和他曾经使用过的“长颈鹿”竖式钢琴。每到周日，这里都要举行音乐会，由世界各地著名的钢琴家弹奏肖邦的作品。

何家槐写道："精彩的不是故居，而是故居的院落。庭院风景如画，种植着由波兰各地捐献的名贵花草树木，院内竖立着肖邦的雕像。溪水潺潺，琴声悠悠，吸引了不少游客前来休息、散步。故居是一个大花园，一个宽敞的庭院，园中鲜花盛开，小鸟在浓密的树间吟唱，阳光和煦，来参观的人坐在树荫下的长椅上，静静地听着钢琴家在房间内肖邦用过的钢琴上弹奏他的作品，那些玛组卡、华尔兹、奏鸣曲的忧郁音符跃过窗户，飞进庭院，滋润自然。"

读时，的确令人向往。庭院、花园、住宅、音乐，这些内容对当时的我们来说，是仅能在梦中出现的一组浪漫元素。我是在大约 1962 年读这本游记散文的，在那个困惑而贫瘠的年代，我怎么能够想象自己的家有一天会有个庭院，有鲜花，有音乐，有小鸟呢？

后来，我在美国住了 20 多年。我在加州的房子就有一个院落，是个灿烂的花园，四季鲜花盛开。我买了这栋房子之后，努力想营造一种中国的院落氛围，但弄来弄去总是感觉"不那么中国"，缺乏一些中国人的东西。缺什么呢？为了找寻这种感觉，我在院子里种了茉莉花、桂花。加州天气好，因此花也糊涂了，一年四季地乱开，桂花春天开，秋天也开；茉莉是时常开；玫瑰更是开得一塌糊涂。坐在院子里，看着那些蜂鸟急急忙忙地在花间采蜜，也很开心，但依然感觉不对。

中国的感觉，中国的气氛，中国的院落，讲老实话，是要在中国的大氛围中营造的，要想在一个非中国的大氛围中营造“中国”的感觉，很难。

我是一直很喜欢有庭院的住宅的，去过好多地方，参观过许多名人的故居，给我印象比较深的往往是那些有庭院的。比如北京阜成门内白塔寺附近的鲁迅故居，第一次去的时候是“文革”的后期，故居刚刚重新开放。我去的时候天已经晚了，院里几乎没有人，我看着那两棵枣树。（鲁迅曾经如此描写：“在我的后园，可以看见墙外有两株树，一株是枣树，还有一株也是枣树。”）站在被鲁迅称为“老虎尾巴”的那个小书房外面，看着已经出现星星的湛蓝的天空，听着信鸽在北京城墙边上忽而掠过的鸣响，感到特别宁静。

在鲁迅故居旁边，我也拜访过中国现代设计的先驱之一郑可先生的家，他是唯一去过德国包豪斯设计学院的中国人，1930 年在香港开设计工作室，据说画家黄永玉、广州美术学院前院长高永坚都在他那里工作过。1956 年郑可回国报效，当了刚刚成立的中央工艺美术学院的教授。他回国的时候在阜成门内买了个小小的四合院，后来经过几十年的荒废，也已经很旧很旧了，屋檐特别低矮、很杂乱，院子中还种了一些花，透过灰色的屋顶可以看见白塔寺巍峨的轮廓。在那个小院子中，郑夫人给我煮咖啡，郑先生给我看他在德国魏玛时期去包豪斯学习时的一些产品设计的手稿，一律色粉笔画，很惊人。那是何等温馨的时刻啊！

院落，或者庭院，对于中国人来说，不仅仅是一个物理的空间，而且是家的核心部分。要不我们为什么叫“家庭”呢？在中国人看来，有庭院才是家。古代人把园林、庭院作为家的一个构成因素。即便是比较贫困的人家，也依然有个屋前的庭、屋后的院，屋可以比较简陋，但前庭后院是必须的。现在人由于土地资源稀缺，因此纷纷变成蜗居在空中的无根之民了。高楼大厦的公寓住宅，剥夺了“庭”，按照中国人的传统看法，就没有“家”赖以存在的基础了。

近些年来，我们造了好多好多的住宅，把城市建得水泥森林一样。虽然房地产开发商给他们的商业住宅冠以各种华贵的名称，但是绝大多数是名不副实的，看了以后感到徒有虚名，无法和那些奢华的名称联系起来。因此，心中总是期望找到一种更加接近我们理想生活环境的空间，或者拥有，或者仅仅是感受一下。

其实，现代人对于家与自然的关系，家的私隐性，天伦之乐的期望，与古人也没有什么本质的区别。只是在现代，人们的生活态度由于都市化的影响而变得逐渐物理化、物质性量化了，室内空间越来越大，而室内与自然、室内与人文因素的隔阂也越来越大，居所原本是人和自然、人和历史文化的一个联结点，现在却变成了把人与自然、人与历史人文截然分开的物化空间了。

大约因为自己在国外生活接近 20 年了，对外国的生活形态已经失去了兴趣，因而更加期望看到一种能够把陶渊明的《归去来兮辞》中描述的家的感觉提炼出来的住宅。他在这首诗歌里面很动情地写道："……载欣载奔。僮仆欢迎，稚子侯门。三径就荒，松菊犹存。携幼入室，有酒盈樽。引壶觞以自酌，眄庭柯以怡颜。倚南窗以寄傲，审容膝之易安。园日涉以成趣，门虽设而常关。策扶老以流憩，时矫首而遐观。云无心以出岫，鸟倦飞而知还。景翳翳以将入，抚孤松而盘桓。"我知道西方人的现代居住环境比东方的更科学，但是东方建筑形态中却有一种西方住宅没有的人文的因素，它可能不是物理性第一，但绝对是心理性的，能够使你感动、喜悦、忧伤、悸动。

中国在住宅民族化方面还处在比较早期的阶段。一个国家的经济处于快速发展期时，民族心态容易比较浮躁，也容易走全盘崇洋的极端。这在日本、韩国，在东南亚和中国台湾地区屡见不鲜。因此民族现代居所的探索并不顺利。

清华大学教授吴良镛设计的北京菊儿胡同住宅，企图在四合院的基础上通过交错叠加形成多层的传统现代住宅群，核心部分就是院落。虽然这个项目完成之后褒贬不一，但探索已经启动了。苏州在改造拙政园旁边的桐芳巷住宅区的时候，采用了江南民居的形式，采用逐步退台的方法，把四水归堂的院落包含在内，建造了很温馨的小巷中的集合住宅群，建筑界为此给予比较高的评价。这种探索，从规模上讲，的确微乎其微，但是从意义上讲，开创了民族现代化住宅规划和设计的探索先河，对后世一定具有很大的影响。

北京四合院内
2017

第三章

“一个盒子”

要讲中国传统住宅，老北京的四合院是绕不过去的。

我第一次来北京是 1954 年夏天，父母带着我和弟弟来舅舅家过暑假。我跟着父母走出人头攒动的北京前门火车站，抬头就看见两个灰色庞然大物——前门和正阳门两座大城楼。虽然早已斑驳，却依然有“进城”了的强烈感觉。

北京城那时有一种非常特殊的低调感。皇居全部属于文物范围，除了买票参观之外，就只能远远眺望。城墙大部分还没有拆，蒿子在城墙上长得好高好高，有人在筒子河旁边钓鱼，杨柳全部垂到水面上，每天空中都能掠过鸽哨的鸣响。

到中午，一切突然安静下来，整个城市就像睡着了一样。有一次我睡不着，偷偷跑去东安市场逛地摊，发现不但店员全部睡得流哈喇子，就连平时乱叫的狗也躺在阴凉地上睡得很沉，只有知了偶尔的响亮叫声打破午间的沉寂。

王安之、2017
画1954年前門火車站記憶

我们说北京的胡同生活，就是这样一个安静的大格局下的小社区日子而已。

“有名的胡同三百六，无名胡同似牛毛。”胡同与老北京生活息息相关。据说，若是把北京的胡同连起来，长度不亚于万里长城。

元代以前，中国的城市规划是没有胡同的。唐代的城市大多是“坊墙制”，即在城市中另建小城。到了宋代，坊墙被打破，城市开始转向以街道制为核心。元代定都北京后，元大都分为50个居民区，称作坊。坊与坊之间是平直而宽度不等的街巷胡同。

胡同原是蒙古语，据说原意是水井的意思。元朝初期，全北京城街巷胡同总计有400余条，即所谓“三百八十四火巷，二十九通”，也就是说共有街巷胡同413条，其中有29条直接称胡同，而那384条火巷，其实也是广义上的胡同。胡同的优点是整齐划一，犹如蒙古军营，既便于交通，又利于作战。对于这种设计，马可·波罗曾称赞说：“全城地面规划有如棋盘，其美善之极，未可言宣。”

北京的胡同形成于元朝，明、清以后又不断发展。从明北京城复原图上数，明朝北京共有街巷胡同约629条，其中直接称为胡同的约有357条。清朝朱一新老先生所写的《京师坊巷志稿》一书中所列，当时北京已有街巷胡同2 076条，其中直接称为胡同的约有 987 条之多。到了 1944 年，根据日本人多田贞一在《北京地名志》一书中所记，当时北京共有 3 200 条胡同。1986 年北京燕山出版社出版《实用北京街巷指南》记载，4 个城区有胡同 3 665 条。

北京城的胡同虽说大多数都是正南正北、正东正西走向的，但也有斜街。北京最长的一条斜街北起西直门内大街，南至阜成门内大街的赵登禹路，太平桥大街由此接下去继续往南至复兴门内大街，佟麟阁路再以此往南接到宣武门西大街。

最长的胡同要数东西交民巷了。这条胡同与长安街平行，在长安街南面，东西走向，东起崇文门内大街，西至北新华街。最短、最窄的街巷胡同在琉璃厂东街东口的东南侧，桐梓胡同东口至樱桃胡同北口的一段，原来叫一尺大街，不过才十来米长，东西走向，现今已并入杨梅竹斜街。

胡同和四合院是一体的，胡同两边是若干四合院连接起来的。当年，元世祖忽必烈为了集中管理，以防作乱，把贵族、功臣都留在北京城内，给他们封地，以为第宅。“诏旧城居民之过京城老，以赀高（有钱人）及居职（在朝廷供职）者为先，乃定制以地八亩为一分”，由此开始了北京传统四合院住宅大规模形成时期。

1970 年，北京市考古工作队在后英房胡同发现一个元代的四合院遗址。这个遗址被视为北京四合院的雏形。从建筑复原图上看，这是一所大型住宅，主院的正房建于台基之上，前出轩廊，后有抱厦，正房前有东西厢房，东院的正房是一座平面呈“工”字形的建筑，即南北房之间以柱廊相连，这种建筑是宋元时代最流行的建筑形式。这座遗址所反映的院落布局，与近现代北京的四合院十分相似。

到了明清时期，四合院的发展已经非常成熟。明清北京城的一大特色，就是其严谨的城市布局。北京建都八百余年形成“里九、外七、皇城四”的“凸”形城市规划形制和格局，以紫禁城（宫城）为核心，外围由皇城、内城、外城等四道城池组成。四道城池的正中线从南到北，由一条近 8 公里的中轴线贯穿。北京的里城，有 9 个城门：朝阳门、东直门、安定门、德胜门、西直门、阜成门、宣武门、正阳门、崇文门。外城有 7 个门：东便门、广渠门、左安门、永定门、西便门、广安门、右安门。皇城有 4 个门：天安门、地安门、东安门、西安门。整个城市的布局就是一张大方格子，外面纵横的是大街，大街分出好像毛细血管一样方格布局的胡同，而四合院就是附着在胡同上的单元，也都是长方形、方形的，整个建筑群体庄严凝重、层次鲜明、气势宏伟。

北京人从此就生活在东南西北四个居住区里，紫禁城围在中间。居民的住宅也遵循元代以来慢慢形成的习惯，大量地建成四合院这种形式。

王受之、2017、
记1954年第一次去北京

王受之
北京胡同的早晨

北京的民居就是以胡同为网络、以四合院为主，这一点应该是准确的。但是每当我这么说的时候，总有一些人说周边地区也有四合院，比如天津、保定、石家庄这些附近的城市。其实这样说也不假，我在保定、太原、安阳都见过老四合院，形制是一样的。但在北京，四合院是最普遍的住宅形式，这一点是没有争议的。而且作为一种渗入文化、生活、气质、语言、艺术、行为、规范、品位、讲究人际关系、社团形式等的存在，只有北京的四合院是一个影响一切的平台。

那么四合院本身有什么特点满足了需要，又迎合了人们什么样的心理呢？

第一个特点就是等级。一个又一个四合院之间存在着等级，而一院之中，更有等级。这种等级观念，在四合院中被强调了——而且是自然而然地、心平气和地被强调了。

自古以来，中国传统的人际伦理关系均以氏族、家庭的血缘关系为纽带，中国的传统社会组织形式是宗族制度，一个首领组织整个家庭，故此在家庭里面遵从祖上，在社会上尊敬长辈是一种基本的要求。反映到住宅上，则体现为最大的房子只能是中间的一间。传统四合院的居住强调统领整个住宅的主房要向阳，这是呼应《周易》的“圣人南面而听天下，向明而治”。

我们知道，任何一个四合院、三合院分前、中、后院，至少有正房、厢房、耳房。一个典型的三代同堂的人家，老爷子、老太太必然住中院正房，二代的如长子则住外院正房或西厢房，第三代如姑奶奶住后院或东屋。正房之中，又分上、下首，正房的左手，也就是北屋的东侧是为上首，西边则为下首。如果男主人有两房太太，则大太太必然住上首。当然也有例外，有的改良后的带有西洋风格的四合院，即一条甬道两边各有小院的，则大太太、姨太太分居，大少爷、二少爷不同院，不过这种样式比较少。四合院，北房为正，东西为厢，南面为倒座一般不住人，或作书房，或仆人住，或堆杂物，或当煤屋子。于是，老幼、尊卑、上下，井然有序，在这里，上下尊卑既是清清楚楚的，同时又是和谐自然的。

古代这种传统礼仪，对于形成各级人际关系，以及有序和谐的伦理关系，都起着重要的作用。家族中的老幼尊卑，当然要有区别，如果没有区别就乱了套了，长幼有序，上下有别在家族中是不可避免的。《荀子·君子篇》曰:“故尚贤使能，则主尊下安；贵贱有等，则令行而不流；亲疏有分，则施行而不悖；长幼有序，则事业捷成而有所休。”2001年播出了一个电视连续剧叫《大宅门》，讲的就是住在这样豪华级的四合院里面的家族的故事。

北京人可能是最具有等级观念的中国人，府宅、四合院的形制从小就对他们产生着影响。四合院本身就是一个阶级地位、等级差异的标志。有的老北京人说："北京的等级、北京人的等级观念，并不需要谁来告诉，打生下来一懂事儿就已经有了。一条胡同，谁家是广亮门，谁家是如意门、随墙门，哪个院子里有假山池塘，有垂花门，有月亮门；院子里是西府海棠、丁香还是枣树；屋顶上是筒瓦还是片瓦，花池子里种的什么花儿，廊檐下挂的什么鸟儿，贵贱雅俗一目了然。如果说宫殿皇城造就了老北京的'顺民心态'的话，那么安分守己懂规矩讲出身的心理，至少有一部分来源于等级分明的街巷民宅。"

第二个特点是胡同文化和四合院文化配合起来形成一种封闭的文化。中国当代作家、散文家、戏剧家、京派作家的代表人物汪曾祺，对四合院有仔细的观察。他在《胡同文化》中说："四合院是一个盒子。北京人理想的住家是'独门独院'。""住在胡同里的居民大多数在里面一住就是几十年，有的甚至住了几代人。胡同里的房屋大多很旧了，质地差、位置不好的'地根儿'情况很糟，旧房檩，断砖墙。下雨天常是外面大下，屋里小下。一到下大雨，总能听到房塌的声音，那是胡同里的房子。但是他们舍不得'挪窝儿'——'破家值万贯'。"

四合院中除大门与外界相通之外，一般都不对外开窗户，即使开窗户也只有南房为了采光，在南墙上离地很高的地方开小窗。因此，只要关上大门，四合院内便形成一个封闭式的小环境。在

每到中午胡同就完全安静下来
了，人们都在午睡中
2017.2.6

小院里，一家人过着日子，与世无争。

“文革”时，我曾经去北京亲戚处住过四合院，当时外面不安生，但是进到院子里立刻恢复到和风细雨的生活。就算遇到唐山大地震这样的天灾，四合院里收留的许多从楼房躲避来的人，在那么拥挤的情况下，居然也能够邻里互助，共渡难关。北京的政府官员、公务员、文人、商贾、平民百姓是全国最集中的。官场上的云谲波诡，科场的胜败，仕途的奔波，生意场上的风风雨雨，在这里都体现得淋漓尽致。紧张之余，这些人在日常生活中就特别注重安逸与静谧。同时，礼教的重压、当差的辛苦等造成的性格上的某种扭曲又一定要求得到些补偿或纾解，于是相对封闭、僻静、严谨的四合院就提供了一切条件。街门一关，自成一统，所有的喧嚣、麻烦甚至屈辱通通淡去了。

可以说，四合院是在历史的洪流中，在动荡的社会风云里，北京人所寻觅到的一个安详恬静的安乐窝。一代代的北京人就在这数也数不清的大大小小的四合院中度过了漫长的岁月。

四合院对我来说，是有一份记忆在其中的。舅舅周令钊、舅妈陈若菊那时候都是中央美术学院的教授，住在大雅宝胡同甲2号。这是一个位于北京市东城区金宝街与二环路相交之处的四合院，大约有20多间房子，曾经住过叶浅予、戴爱莲、李苦禅、李可染、邹佩珠、董希文、祝大年、吴冠中、张仃、陈布文、程尚仁、黄永玉、侯一民、邓澍等多位知名艺术大师，记录了艺术家们鲜活的个性与人生，他们之间的深厚友情，相互的尊重与理解使这里成为一个传奇之地。因为我自己在四合院里仅仅是客居，所以在这里借用黄永玉对这个四合院的回忆来给大家传递四合院生活的情况。

黄永玉先生曾经深情地描述过这个门牌号在北京的地图上已不复存在的院落。

> 大雅宝胡同只有三家门牌，门口路面安静而宽阔，早百年或几十年前的老槐树绿荫下有清爽的石头墩子供人坐卧，那时生活还有着老北京的遗风，虽已开始沸腾动荡，还没有失尽优雅和委婉。
>
> 甲二号门口小小的。左边是隔壁的拐角白粉墙，右边一排老灰砖墙，后几年改为两层开满西式窗眼的公家楼，大门在另一个方向，而孩子们一致称呼它是“后勤部”大院。
>
> 甲二号宿舍有三进院子。头一个院子，门房姓赵，一个走失了妻子的赵大爷带着12岁的儿子大福生子和8岁的儿子小福生子和一个十四五岁的女儿。女儿乖，大小儿子十分调皮。
>
> 第二家是单身的陆大娘，名叫陆佩云，是李苦禅先生的

北京胡同里是一個自成一統的社區無論外面如何
這里該怎麼過還怎麼過
王受之記

岳母。苦禅、李慧文夫妇和顽皮的儿子李燕、女儿李健住在隔壁。门口有三级石阶，对着晾晒衣服的院子。路过时若运气好，可见苦禅先生练功，舞弄他那20多斤重的纯钢大关刀。

第三家是油画家董希文，夫人张连英是研究工艺美术的，两夫妇细语轻言，沉静而娴雅。大儿子董沙贝，二儿子董沙雷，小女儿董伊沙，她跟我儿子同年。沙贝是个“纽文柴”，小捣蛋；沙雷则文雅。有一次我买了一张明朝红木大画案，6个人弄了一个下午还不能进屋，沙雷用小纸画了一张步序图，“小娃娃懂得什么？”我将他叱喝走了。大桌案露天放了一夜。第二天，老老实实根据沙雷的图纸搬进了桌子。沙雷长大后成了航空方面的科学家。沙贝在日本，是我最中意的有高尚品位的年轻人之一。

第四家是张仃和陈布文夫妇。张仃是中国最有胆识、最有能力的现代艺术和民间艺术的开拓者。他身体力行，勇敢、坦荡、热情而执着地拥抱艺术。在这位50年代的共产党员的身上，散发着深谷中幽兰似的芳香。夫人陈布文从事文学活动，头脑很灵活，有男性般的愤世嫉俗。她和丈夫从延安走出来，却显得十分寂寞。“四人帮”服法以后布文去世了，总算解开了一点儿郁结；可惜了她的头脑和文采。

他们的四个孩子——女儿乔乔、大儿子郎郎、二儿子大卫、三儿子寥寥——跟我们的关系最好。寥寥跟我儿子黑蛮同在美术学院托儿所初级班，每天同坐王大爷的三轮车上学，跟儿子一起叫我妻子“梅梅妈妈”。想到这些事，真令人甜蜜而伤感。

大卫沉默得像个哲学家，六七岁，有点儿驼背，从不奔跑打闹。我和他有时静悄悄地坐在石阶上，中午，大家午睡，院子静悄悄，我们就谈一些比较严肃的文学问题。

郎郎是一个非常纯良的孩子。他进了寄宿学校，星期天或寒暑假我们才能见面。他有支短短的小竹笛，吹一首叫作《小白帆》的歌。他善良而有礼貌，有时也跟着大伙儿做一种可原谅的、惊天动地的穿越三大院的呼啸奔跑。一般说来，他很含蓄，望着你，你会发现他像只小鹿，有一对充满信任的、小鹿般的眼睛。

……

过了前院没有马上到中院。中间捎带着一个小小天井。两个门，一个曲曲折折通到张仃内室，一个通向张家简陋的厨房。说简陋，是因为靠墙有个古老的长着红锈的浴盆，自来水管、水龙头、阀门一应齐全，年代已不可知。厨房优越而古老，地位奇特，使用和废弃都需要知识和兴趣，所以眼

北京曾经有胡同六千多條、據說現在尚存二千多條、胡同本是巷、但加上四合院這樣特殊的住宅、
整个氛圍就不一樣了、北京胡同之成為北京、我在東城住過一段頗有感觸
記二〇一六年

前它担任一个很低调的工作——存放煤球。

中院第一家是我们家。第二家是工艺美术家柳维和夫妇和他们又小又胖的儿子大有。第三家是程尚仁夫妇，也是工艺美术家，女儿七八岁，清秀好看，名叫三三；三四岁的儿子，嗓门粗而沙，大眼睛，成天在屋子里，让我把他的名字也忘了。

一个大院子，东边是后院袁迈夫妇的膳房，隔壁还有一大一小的屋子住着先后为袁迈夫妇、彦涵夫妇做饭的名叫宝兰的姑娘。

院子大，后来我在李可染家中院的窗前搭了个葡萄架，栽了一大株葡萄藤。在底下喝茶吃饭有点儿“人为的诗意”。

从中院钻进左手一个狭道就到了后院。东南西北紧紧四排房子，不整齐的砌砖的天井夹着一口歪斜的漏水口。左边再经一个短狭道到了后门。

南房一排三间房子，其中两间有高低不平的地板，一个作为卧室，一个作为客厅；另一间靠东的水泥地的窄间是画室，地面有个约 0.1 平方米的水泥盖子，过去是藏发报机的秘密仓库，现在用来储放大量的碑帖。每间房的南墙各有一扇窗，透过客厅的窗可看到中院我栽的葡萄和周围的一切活动。

这就是李可染住了许多年的家。

西边的房子住着可爱可敬的80多岁依然耳聪目明、快乐非凡的可染妈妈——李老奶奶。

东房住着一位姓范的女子，自云“跟杜鲁门夫人吃过饭”。她爱穿花衣，50多岁，单身。

北房原先住着袁迈一家，他们有三个孩子，大儿子袁季，二儿子有点儿口吃叫袁聪，三女儿可爱至极，名叫袁珊，外号“胖妹妹”，和我儿子也是同年。袁家的两个儿子长得神俊，规矩有理，也都成为我的喽啰。后来工艺美术系扩大为中央工艺美术学院，属于这个系统的人才都搬走了。搬走之后住进一家常浚夫妇，原在故宫工作，刚调到美院管理文物。他们家的孩子也是三个，十五六岁的大男孩叫万石，二儿子叫寿石，三女儿叫娅娅，都是很老实的脾气。常家还带来一位80多岁的驼背老太太做饭，她从不跟人多说句话，手脚干净而性情硬朗，得到大家暗暗尊敬。

隔壁有间大房，门在后口窄道边，原住着木刻家彦涵白炎夫妇和两个儿子，大的叫四年，小的叫东东。四年住校，东东住托儿所。四年是个温顺可人的孩子，跟大福生子、李燕、沙贝、沙雷、郎郎、袁季等同龄人是一伙。东东还谈不上跟大家来往，太小。

彦涵后来搬到鼓楼北宫坊那边去了。这位非常杰出的木刻家几十年来历经风风雨雨，如今70多岁的人，仍然不断地创造新风格的作品。

彦涵走了以后搬来陶瓷大家祝大年夫妇和三个孩子。大的孩子叫毛毛，小的孩子叫小弟，更小的女儿叫什么，我一时想不起来了。小弟太小，毛毛的年龄在全院20多个孩子中间是个青黄不接的7岁。大的跟不上，小的看不起，所以一个人在院子里走来走去，或是在大群孩子后面吆喝两声。他是很聪明的，爸爸妈妈怕他惹祸，有时关他在屋子里，他便一个人用报纸剪出一连串纸人来，精彩到令人惊讶的程度。

祝大年曾在日本研究陶瓷，堪称中国第一号陶瓷大师，是一位很有意思的人。看似身体虚弱，大热天肚脐眼到胸口围上一块仿佛民间年画上胖娃娃身上的红肚兜，其实能说能笑，不像有病的样子。可能也是漂亮夫人细心照顾、体贴入微的原因。

有一天夫人不在家，吃完午饭，祝大年开始午睡。那位不准外出的毛毛一个人静悄悄地在地板上玩弄着橡皮筋，一根根连成十几尺的长条。祝大年半睡半醒，朦胧间不以为意，眼看着毛毛将长条套在一个两尺余高的明洪武釉里红大瓶的长脖子上，跪在地上一拉一拉，让桌上的瓶子摇晃起来。说时迟那时快，大瓶子从桌上落到地上，这个价值连城的瓶子发出了心痛的巨响，祝大年猛然清醒，但已经太迟……虽然他是位大收藏家，肯定仍会常年自我嘲笑这件事。

祝大年就是这样一个人，一辈子珍惜的东西他也看得开，精于欣赏，勇于割舍。他曾经是个大少爷，见得太多，豁达成性……大雅宝甲 2 号的夜晚是浓郁的。孩子们都躲进屋子，屋子里溢出晚饭的香味，温暖的灯光混合着杯盘的声音透出窗口，院子里交织着甜蜜的影子。这是 1953 年，春天。

我也就是在这段时间内出出进进，有了自己的第一次四合院生活经历，耳濡目染，也跟随这些老人家学会了许多圈外没有办法学习到的东西，从画画、设计，到做人的方式。

上面就是黄永玉先生写的四合院里的人和事。可以在他的《这些忧郁的碎屑》“大雅宝胡同甲 2 号安魂祭”中看到。

黄永玉先生说，“大雅宝胡同甲 2 号”不是一个画派，是一圈人，一圈老老小小有意思的生活。老的凋谢，小的成长，遍布全球，见了面，免不了会说：“我们大雅宝如何如何……”

北京四合院住宅的建造，满足了人们衣食住行的需要，满足了人们希望得到友谊、同情、理解、信任的需要。数代人的居住实践表明，住在四合院，人与人之间能产生一种凝聚力与和谐气氛，同时有一种安全稳定感和归属亲切感。这与现代公寓住宅永远紧闭大门的冷漠形成了鲜明的对照。

北京四合院垂花門
王愛之、2017.2

第四章

老北京“中产”的标配

所谓“四合院”，就是一个院子四面建有房屋，通常由正房、东西厢房和倒座房组成，从四面将庭院合围在中间。网上有人特别简洁地写了四合院的梗概：“四”表示东南西北，“合”是围在一起的意思。也就是说，四合院是由四面的房屋或围墙圈成的，里面的建筑布局，在封建宗法礼教的支配下，按着南北中轴线对称地布置房屋和院落。

四合院绝大多数为单层建筑，当中围成的院落接近正方形，四面各房屋独立，以廊相连，院门多开在东南方位。正式的四合院，一户一宅，平面格局可大可小。房屋主人可以根据土地面积的大小、家中人数的多少来建造。具体来说，若呈“口”字形的称为一进院落，“日”字形的称为二进院落，“目”字形的称为三进院落。三进院落的纵深已经很长了，往往占有整个街区的南北纵深，因此很少有四进院落的。一般而言，大四合院从外边用墙包围，墙壁高大，不开窗户，以显示其隐秘性。宅院中，第一进为门屋，第二进是厅堂，第三进或后进为私室或闺房，是妇女或眷属的活动空间，一般人不得随意进入，所谓“庭院深深深几许”就是这个意思。

走进一座四合院，先从开在侧面的大门（也叫“街门”）入。我们看到很多电视剧里，四合院的大门都是像和珅府那样的衙门形入口，其实那是王公贵胄的府邸。一般人家的住宅，大门多为黑色，总是开在一侧，很少放在中轴线上，门口也没有石狮子、石鼓之类的装饰，看上去很不起眼，就是为了让你不要注意。

入得这个大门之后，迎面就是一面青砖的大影壁。影壁分为上、中、下三部分，下为基座，中间为影壁心，上部为墙帽，仿佛一间房的屋顶和檐头。

影壁是中国人“挡”你视线又不失架子的绝好作品，主要作用在于遮挡大门内外的杂乱无章，更重要的作用是内外有别的分界线，人们进出宅门时，迎面看到的首先是叠砌考究、雕饰精美的墙面和镶嵌在上面的吉辞颂语。

老北京四合院修复的专家把四合院的影壁分成三种，第一种位于大门内侧，呈一字形，叫作“一”字影壁。“一”字影壁如果独立于厢房山墙或隔墙之间的，称为独立影壁；如果在厢房的山墙上直接砌出小墙帽并做出影壁形状，使影壁与山墙连为一体，则称为座山影壁。第二种是位于大门外面的影壁。这种影壁坐落在胡同对面，正对宅门，一般有两种形状，平面呈“一”字形的，叫一字影壁。平面呈“冖”形的，称雁翅影壁。这两种影壁或单独立于对面宅院墙壁之外，或倚砌于对面宅院墙壁，主要用于遮挡对面房屋和不甚整齐的房角檐头，使经大门外出的人有整齐、美观、愉悦的感受。第三种影壁，位于大门的东西两侧，与大门檐口成 120 度或 135 度夹角，平面呈“八”字形，称作“反八字影壁”或“撇山影壁”。做这种反八字影壁时，大门要向里推进 2~4 米，在门前形成一个小空间，可作为进出大门的缓冲之地。在反八字影壁的烘托陪衬下，宅门显得更加深邃、开阔、富丽。

值得一提的是，影壁与大门是一对，不可分离。没有门就无影壁之说，只有影壁没有门，也毫无逻辑，它们互相陪衬，密不可分。

进了大门之后是前院，前院是接待客人的地方，从前院再过一道门，就进入了内院、后院，这是家庭生活的地方，外人一般不得随便出入内院。前院与内院中的这道门叫作“二门”，又名“垂花门”。旧时人们常说的“大门不出，二门不迈”，指的就是这个门。

垂花门是四合院中一道很讲究的门，它是内宅与外宅（前院）的分界线和唯一通道。凡垂花门都有两种功能：第一是有一定的防卫功能，为此，在向外一侧的两根柱间安装着第一道门，这道门比较厚重，与街门相像，名叫“棋盘门”，或称“攒边门”，白天开启，供宅人通行，夜间关闭，有安全保卫作用。第二是起屏障作用，这是垂花门的主要功能。为了保证内宅的隐蔽性，在垂花门内一侧的两棵柱间再安装一道门，这道门称为“屏门”。家族中有重大仪式，如婚、丧、嫁、娶时，需要将屏门打开。其余时间，屏门都是关闭的。人们进出二门时，不通过屏门，而是走屏门两侧的侧门或通过垂花门两侧的抄手游廊到达内院和各个房间。垂花门的这种功能，充分起到了既沟通内外宅，又严格地划分空间的特殊作用。

垂花门一般都在外院北侧正中，与临街的倒座南房中间那间相对。作为中国古代建筑院落内部的门，垂花门檐柱不落地，垂吊在屋檐下，称为垂柱，其下有一垂珠，通常彩绘为花瓣的形式。这种“占天不占地”的形式，使得垂花门内有一处很大的空间，给家庭主妇与女亲友的话别提供了极大的方便。

因垂花门的位置在整座宅院的中轴线上，是全宅中最为醒目的地方，装饰性极强，它的各个突出部位几乎都十分讲究。

垂花门的屋顶通常是卷棚式，或一殿一卷式，即门外为清水脊，门内为卷棚式。向外一侧的梁头常雕成云头形状，称为“麻叶梁头”。在麻叶梁头之下，有一对倒悬的短柱，柱头向下，头部雕饰出莲瓣、串珠、花萼云或石榴头等形状，酷似一对含苞待放的花蕾，这对短柱称为“垂莲柱”。联络两垂柱的部件也有很美的雕饰，题材有“子孙万代”“岁寒三友”“玉棠富贵”“福禄寿喜”等。这些雕饰寄托着房宅主人对美好生活的憧憬，也将这道颇具地位的内宅门面装点得格外富丽华贵。

从外边看，垂花门像一座极为华丽的砖木结构门楼，而从院内看，垂花门则似一座亭榭建筑的方形小屋。四扇绿色的木屏门因为经常关着，恰似一面墙，增加了垂花门的立体感。垂花门外顶部的清水脊和门内顶部的卷棚顶，两顶勾连搭在一起的交会处形成天沟，所承接的雨水有一半从天沟的两侧流出，大大减少了檐前的滴水，也减少了雨水对垂花门阶石的侵蚀。

除了装饰特点外，垂花门的作用还在于能表现出宅主的财力、家世的繁衍、文化素养的高低，甚至还能看出宅主的爱好和性格。通过一座小小的垂花门，我们看到的是中国古代劳动人民的勤劳、聪明和智慧，是一幅幅具有浓郁特色的民俗风情画卷。

南面有一排朝北的房屋，叫作倒座房，通常用作宾客或男仆的住所、书塾或杂间。倒座房其实一半是房，一半是朝街面（一般是南面）的墙，作为临街建筑，一般都体量不大，进深 4~5 米，而且极少带外廊，即便是大中型院落也如此，这大概是因为它属外宅，在诸房中地位不太重要所致。

正院中，北房南向是正房，房屋的开间进深都较大，台基较高，多为长辈居住，东西厢房开间进深较小，台基也较矮，常为晚辈居住。为什么正房高，厢房则低一点呢？那是因为四合院的正房是北房，夏天太阳直射，阳光不容易照进房间，冬天太阳光斜射，房间容易进阳光，冬暖夏凉。东西房由于夏天阳光照射时间长，很热；而冬天照射时间又短，很冷，南房根本见不到太阳。功能条件不同，才有等级区分。

专门修复、建造四合院的公司“洪雅轩”对正房、厢房的建造有很具体的描述：四合院正房或厢房明间大门叫隔扇门，一般为四扇尺寸相同的门板，平时只用中间两扇，夏天纳凉时四扇都可开启。房屋次间，安支摘窗，支摘窗分上下二级，窗扇均设内外两层，上层窗可支起来，下面外侧的护窗能摘下，因此叫“支摘窗”。四合院窗户的棂条造型最丰富，常用的图案有步步锦、灯笼框、龟背锦、盘长、冰裂纹，图案丰富多彩。比较高级的四合院，在房屋外檐，游廊外檐下安装倒挂眉子，使房檐和廊檐视觉丰富，倒挂眉子图案同窗户图案一样，多用步步锦图案。在房檐和廊檐的坐凳下也做一些木装修，称坐凳眉子，图案也同窗户图案。

过了正房向后，就是后院，这又是一进院落，有一排坐北朝南的较为矮小的房屋，叫作后罩房，如果做成两层，就叫后罩楼。后罩房和正房朝向一致，坐北朝南，其间数一般是和倒座房相同，以尽量添满住宅基地的宽度。后罩房的等级低于正房和厢房，其房屋尺度及质量相比而言都稍差。因其位于四合院的最后，比较隐秘，一般由家庭中的女眷或未出嫁的女子居住。

其实，一进、两进四合院都是平民百姓住的。正式的四合院，也就是完整的四合院，都是三进院落。第一进院是垂花门之前由倒座房所居的窄院，第二进院是厢房、正房、游廊组成，正房和厢房旁还可加耳房，第三进院为正房后的后罩房，在正房东侧耳房开一道门，连通第二和第三进院。外院入大门一间，门役一间，会客厅两间，前、中、后三个小院又是由倒座房、正房、垂花门、东西厢房、耳房、过道、走廊、后罩房等组成的。正院：北房五间，给最高长辈居住。如房主人有二房时，大太太多住正房上首，即北房东侧。二太太则住北房西侧。西厢房三间，为第二代大爷，大奶奶住。自然，东厢房三间为二爷，二奶奶住，后院罩房多为姐妹住，耳房为女仆住。当年一个大家庭有 10 多口人，如果是五间房，长辈住正房，晚辈住厢房，南房作客房或书房，男仆人只能住在外院。

五重院比较少，通常为“前堂后寝”式。第一进院与三进院相同；第二进院是对外使用的厅房和东西厢房，之后再设一道垂花门，在厅房和这道垂花门之间形成第三进院；垂花门之后为正房和厢房所在的第四进院，是主院。如果后面还有后罩房，就构成了第五进院。还有的在倒座房北侧再建一排南房，而组成四进或五进院的。

可惜现在存在的五进四合院很少了，我看过一个，在东城区帽儿胡同。这是个典型五进四合院格局，坐北朝南。大门 1 扇，两旁有八字墙、上马石。门内有影壁，影壁西有 4 扇屏门。入门内为第一进院，有倒座房 7 间。一座两卷垂花门与倒座房相对，门两旁有小石狮 1 对。第二进院有正厅 3 间，左右各带耳房 2 间，前有走廊。西厢房 3 间，右边带耳房 2 间。东厢为 3 间两卷勾连搭过厅，可通往东边花园。第三进院为正房院，院内由转角廊贯通，走廊均有坐凳栏杆。有正房 3 间，左右各有耳房 1 间，前出廊，后出厦。东廊与正房拐角处又与一横廊相接，通往花园。第四进院各房屋构造、布局与第二进院相同。最后一进院内有后罩房 16 间。院内主要建筑均为大式硬山合瓦顶，带排山沟滴。

此宅原为清朝大官文煜宅的住宅的主要部分，已经是府宅级别的了。中华人民共和国成立后给了朝鲜当大使馆，大使馆搬迁之后，又改为单位宿舍。大概也是因为朝鲜大使馆占用的关系，内部的布局破坏不大。

从规划的角度讲，四合院也不能无限地加深，否则影响外部胡同的交通，记载中说北京四合院最大的进深为两个胡同之间的距离，约 77 米左右，也就三重院落的距离，再大就得另想办法了。

当然这个不包括亲王府这类顶级府宅，这些府宅是不需要考虑进深限制的。原则上讲，大四合院是府邸、官衙用房，并且也往往是重院结构，设计上称为复式四合院，即由多个四合院纵深相连而成。有前院、后院、东院、西院、正院、偏院、跨院、书房院、围房院、马号等。院内均有抄手游廊连接各处，占地面积大。

在四合院中一些比较奢华的甚至还有花园和假山，规格高一些的四合院还设有厕所的。中国传统住宅都没有卫浴空间，能够在四合院中专门设计厕所，是非常讲究的，这些内设的厕所一般都被安排到西南角，按风水的说法，西南为“五鬼之地”，建厕所可以用秽物将白虎镇住。

四合院里的绿化也很讲究，各层院落中，都配置有花草树木、荷花缸、金鱼池和盆景等，尤其是正房、厢房和垂花门用廊连接起来，构成整个四合院核心空间的规整院落，布置得别具特色。“天棚鱼缸石榴树，先生肥狗胖丫头”，描述的是北京人在四合院中的舒适生活。试想在一个有着影壁的古香古色的四合院内，一株石榴树叶绿花儿红，长得很欢实；一个大瓷缸墩实地放在青砖铺地儿的地面上，里面几尾金鱼时而躲在浮萍下，时而浮出水面，张着小嘴，冲着你瞪着一双很萌的眼睛；一只卷毛肥狗懒洋洋地趴在先生脚下，正眯着眼睛打个小盹儿；精力充沛不知疲倦的丫头时而跑到正在看书的先生跟前撒撒娇，时而又冲着鱼缸里的鱼喃喃自语……这样的生活怎能不令人向往呢！

“天棚鱼缸石榴树，先生肥狗胖丫头”就是北京民居的典型写照。当然，这里所谓的“典型”指的是当时的中产阶层，既非巨富也不是赤贫。北京的代表性建筑四合院，正是这些人的住宅。

北京四合院之午
2017

第五章

文化名流念念不忘的诗意居住

文化和居住上的天然契合，西方建筑少有，却是四合院独特的居住和审美要素。

一进、二进四合院现在在北京还有一些存留，其中有一些作为纪念馆对外开放，我们可以看到。

史家胡同 24 号，现在是史家胡同博物馆。红漆大门里是宽敞的庭院，二进的四合院，中间有月亮门的过道连接，几棵高大的梧桐据说是老树，而房子已经翻新建成了展室。后院有一架紫藤，一片草丛。这里曾是民国才女凌叔华（1900—1990）的故居。

凌叔华是“五四”时期重要的女作家、画家，她出身于官宦之家、书画世家，自幼习书学画，才华横溢，与林徽因、冰心一起被称为“文坛三才女”。她还被称为“第一个征服欧洲的中国女作家”。

解读这位民国才女，也许会在她一辈子魂牵梦萦的北京胡同深处的那所宅院发现一些线索，那是她生命的起点和终点，也是她在作品中提及最多的地方。

凌叔华在自传小说《古韵》中描述过凌家大宅：这是一座有99间房子的豪华院落，前门朝着干面胡同，后院相接史家胡同，院套院，屋连屋，每个套院都有一个小门与院子左侧一条狭窄的小路相连，通向后花园。后花园是孩子们舒心惬意的乐园，他们没事就跑来捉迷藏，用竹竿打枣，捉各种古怪的虫子，和用人一起玩过家家。这是一个生活着一个父亲、几房姨太太，十多个兄弟姐妹，以及由文案、账房、塾师、用人、丫鬟、家丁、花匠、厨师、门房等人组成的旧式大家庭。

凌叔华的父亲凌福彭（1856—1931）1895年和康有为是同榜进士，饱读诗书，爱好绘画，家中文人墨客、丹青雅士络绎不绝。凌叔华是凌福彭与第三房姨太太李若兰的第三个孩子，家中共有15个孩子，她排第十。

从凌叔华的作品中，可以窥探到她在这座宅院中度过的童年生活：早饭以后，保镖马涛就把小姑娘扛在肩上，带她出去逛。花匠老周还会带她去隆福寺买花，义母会糊漂亮的大风筝，“碰上好天气”，义母便带她出门放风筝。

凌叔华7岁开始拜师学画，老师是著名的画家王竹林和宫廷女画师缪素筠，而父亲请来教授凌叔华古诗和英文的是被称为

“清末怪杰”的学者辜鸿铭（1857—1928）。凌叔华在后花园的闺房被父亲布置成画室，《古韵》中这样描绘：“我的房间布置得像真正的画室，家具都是爸挑选的……面对紫藤的窗前摆放着一条黑漆桌案，光滑透亮，可以反照出美丽的紫藤花……一张红漆桌案放在面朝紫丁香的窗前，这种红漆是北平最好的，红得发亮，看久了令人目眩，简直妙不可言。”

凌宅是京城文化名家经常聚会的场所之一，20 岁出头的凌叔华很快成为聚会中引人注目的女孩。

那时，凌叔华在燕京大学读书，大半时间花在书画上，父亲介绍她认识了收藏家吴静庵的夫人江南萍，在江南萍的画室中她结识了陈半丁、齐白石等名家。1923 年，凌叔华和江南萍以苏东坡诞辰 886 年为由，在凌家大宅组织了一次聚会，齐白石、陈衡恪、陈半丁、王梦白等著名国画家都参加了，还邀请了美国女画家玛丽·奥古斯塔·马里金。当天，众大师合作一幅《九秋图》，成为凌叔华的珍藏之作。

这场书画名家的聚会盛况空前，“小姐家的大书房”因此名动京华，它比林徽因的“太太的客厅”早了近 10 年。

后来，马里金把这次聚会写进文章《在中国的一次艺术家聚会》，她提到聚会的主人凌叔华，“是位很有才华的画家，她贤淑文静，不指手画脚，也不自以为是，客人有需要时她就恰到好处地出现，说起话来让人如沐春风”。

凌叔华在《回忆一个画会和几个老画家》一文中也提及布置这次聚会的情景：“北窗玻璃擦得清澈如水，窗下一张大楠木书桌也擦得光洁如镜，墙角花架上摆了几盆初开的水仙，一株朱砂梅，一盆玉兰，室中间炉火暖烘烘地烘出花香，烘着茶香……”

“小姐家的大书房”光临过很多名人，包括印度诗人泰戈尔（Rabindranath Tagore，1861—1941）。那是1924年，泰戈尔到北京访问，住在史家胡同的西方公寓，北大负责招待他的是徐志摩（1897—1931）和陈西滢（陈源，1896—1970），几个人一起受邀来到书房举办“北京画会”。凌叔华这样描写来到书房的诗人：“抬头见他银白的长须，高长的鼻管，充满神秘思想的双目，宽袍阔袖，下襟直垂至地。”她顿时觉得自己是“神游在宋明画本之中”，差点连“久仰久仰”都忘了说。她称诗人“低沉的声韵，不但不使人生厌倦，且能使人感到如饮醇醪及如听流水的神味”。

在画会上，年轻的凌叔华唐突地直接问泰戈尔：“今天是画会，敢问您会画吗？”有人警示她勿无礼，她也不在乎。泰戈尔真的坐下来，在她备好的檀香木片上画了一些与佛有关的佛像、莲花，还连连鸣谢。

那天，凌叔华和泰戈尔聊了许久，聊到诗歌和绘画，她还得到了诗人的建议："多逛山水，到自然里去找真、找善、找美，找人生的意义，找宇宙的秘密。"

也是在这次画会上，凌叔华与陈西滢互生好感，后来结为夫妇。26 岁出嫁时，父亲把这座有 28 间房子的后花园给女儿做了陪嫁。抗战爆发后，凌淑华随陈西滢定居欧洲，之后侨居异国 30 多年。在国外的生活中，她经常想念这所老宅，生命的最后时刻，她最大的愿望就是回到那里。

1990 年 5 月，凌淑华躺在担架上，被抬进了这个院子，也是当时的史家胡同幼儿园。两三天后，她就去世了。

相比凌家大宅，作家老舍（舒庆春，1899—1966）的故居就是一个当年很简陋的小四合院。这个故居在东城区灯市口西街丰富胡同 19 号院，正门朝东开，正对门为一小院和两间南房，西侧是一狭长小院，北为一座三合院，三合院内还有北房三间，左右各有一间耳房，明间和西次间为客厅。1950 年老舍旅美回国后，在北京找地方住，就买下这套小院，当时由于物资奇缺，房主不要钱只要布，于是老舍用一百匹白布"换来"了这套四合院。

这房子最大的特点是闹中取静。这里几乎是在市中心，交通方便，离王府井商业街和著名的东安市场，以及隆福寺都很近，市立二中、育英中学就在附近，小孩子能就近上学。因为不在交通要道上，酒兹府大街既能走大车，又不是主道，车辆和行人都不多，再加上小房有围墙，院中有树，城市的嘈杂便都隔在耳外了。平常只有花上的蜜蜂和树上的小鸟能愉快地打破它的寂静。

老舍一生喜爱花草，搬入院子后头一件事是托人到西山移植了两棵柿子树，甬道两边一边一棵。柿子品种很特殊，是河南省的“火柿子”，个头不大，只有拳头的一半，皮薄，很甜，无核，橘红色。种的时候只有拇指粗，不到10年，树干直径已超过了海碗。每逢深秋时节，柿树缀满红柿，别有一番诗情画意。老画家于非闇（1889—1959）曾来给柿树写生，作工笔国画一幅，成为他的代表作之一，被中国美术馆收藏。因这两棵柿树，老舍夫人为小院取名“丹柿小院”，称自己的画室为“双柿斋”。老舍先生去世后，日本作家水上勉先生连续写了三篇悼念文章，全以这两棵柿树作篇名，柿子成了这座小院的标志。

影壁做好后，老舍先生求人移植了一棵太平花，这是故宫御花园才有的名花。不过并不娇贵，在百姓家照样欣欣向荣，叶繁枝茂。小南屋房檐下还放着一大盆银星海棠，有一人多高，顶着一团团的红花，老舍先生送客人出门时，常常指着它说：“这是我的家宝！”

客厅里陈设严格按老舍先生意图布置，处处表现了他的情趣，爱好和性格。家具方面，除了一张双人沙发，两张单人沙发和一个小圆茶几是现代的，其余的全是红木旧家具，有书橱、古玩格、条案、大圆桌、靠背椅等等，老舍先生很爱这些家具。擦拭它们是自己每天的必修课。桌面上陈设很少，但有两样东西必不可少：一是花瓶，二是果盘。

客厅里除了花多之外，就数画多。墙上总挂着10幅左右的中国画，以齐白石、傅抱石、黄宾虹、林风眠的画作为主，兼有陈师曾、吴昌硕、李可染、于非闇、沈周、颜伯龙、胡佩衡的更换。据老舍夫人胡絜青（1905—2001）说，原来这些字画几天就换一次，每换一次，老舍总要细细地看上半天。到老舍先生家做客，观画成了必不可少的内容。秋天时，老舍先生会频频邀请朋友来家赏菊。老舍的家因为充斥着浓厚的东方文化色彩而光彩夺目，是个很有京味儿的家。

要看典型的两进院落的"日"字形的四合院，可以去作家茅盾（沈德鸿，1896—1981）的故居，在东城区后圆恩寺胡同13号。这是一座百年老院，从院里老屋上的两层檐椽来看，清朝时住在这里的至少是个四品以上的官员。但因为房子历经民国及1949年后的使用，被人改造成了更适合居住的宽敞家院。

这座四合院共35间房子，总建筑面积890平方米，住宅面积572.6平方米。大门位于该院东南位，为如意门，面阔一间，合瓦清水脊屋面。门前原来有两棵双人环抱不住的粗壮杨树，但在茅盾去世后不幸被大风刮倒了，还砸坏了几间房屋，后来为了恢复原貌又补种了。

走进故居大门，首先映入眼帘的就是影壁，上面镶嵌着一块黑色大理石，大理石上是邓颖超题写的 4 个金色大字“茅盾故居”，字为行书，潇洒秀丽。自影壁左转，就可以看到前院的全貌了。一尊雪白的茅盾半身汉白玉雕像树立在正房台阶前，使人肃然起敬。

因为茅盾晚年希望静养，所以前院正房原来是茅盾儿子、儿媳的卧室，东厢房原来是饭厅，西厢房是茅盾的会客厅。他在这里接见过很多中外宾客，1980 年会见外国作家伊罗生夫妇，1962 年与冰心、夏衍亲切交谈，1980 年与巴金畅谈。西厢房南边是一间书房，共藏有图书 3 304 册。

院中有两片长方形的花圃，常年种着玫瑰花。花圃上方是一个四根立柱的葡萄架，葡萄架上曾经挂着一个秋千，茅盾的孙女经常在上面玩耍。院中还种着两棵白蜡树和两棵柏树，每到夏季，院子里布满了浓荫，可以想见茅盾含饴弄孙的情景。

从前院右边穿过一个小夹道就到了后院。后院小一些，6 间北房一字排开，窗前左右各有一丛太平花，每到春天，枝头挂满了白花，散发着淡淡的香气。茅盾觉得很清静，就作为自己的起居室了。

一进门的房间是茅盾的客厅兼书房，北墙、西墙和东墙都是书柜，放有《资治通鉴》《诸子集成》《二十四史》等茅盾珍藏的各种书籍。西墙的上方还挂着一幅很大的木框油画，上面画的是一群跳舞的波兰少女，这是1956年波兰马佐夫舍（Mazowieckie）歌舞团访华时赠送给茅盾的。北墙书柜的前面，摆放着茶几和一对折叠式扶手椅。客厅中间有一张较大的写字台，上面有笔墨纸砚和一本台历。台历上的日期是1981年2月19日，这是茅盾亲手翻过的最后一页——第二天他就住院了，此后再也没有回来。

靠东的房间是茅盾的卧室，里面有一张老式的棕垫铁床，床的西边有一个三层抽屉的小书桌，上面放着台灯、放大镜、纸笔和一些常用的资料书籍。茅盾的回忆录《我走过的道路》，大部分内容就是在这张桌子上完成的。床的东侧是一个小书柜，放着《小说月报》《吴梅村诗集》等茅盾平时翻阅的书刊。卧室里还有一个小衣柜，上面曾安放过茅盾妻子孔德沚的骨灰盒，是茅盾搬入这个院子后亲手供放在这里的。卧室西墙上则挂着茅盾妈妈的照片，上书："我的妈妈，雁冰敬记。"茅盾幼年丧父，母亲对他的影响很大，他曾在回忆录中说："幼年秉承慈训而养成谨言慎行，至今未敢怠忽。"

后圆恩寺胡同曾经住过很多名人政要，乌兰夫、谭震林、杨尚昆都在这里住过。茅盾在胡同居住时已是 80 多岁的老人，他很少出四合院。对于这条名人聚集的胡同，很多居住在这里的普通居民，最大的感受就是安静、踏实。

一代京剧大师梅兰芳（1894—1961）在北京曾住过很多地方，前门外李铁拐斜街是他的出生地，百顺胡同、鞭子巷三条、南芦草园胡同、无量大人胡同（今红星胡同）等地都有他早年的住处。

无量大人胡同 24 号是梅兰芳事业辉煌时买下的大宅，这里曾是当时北京城里的艺术沙龙中心。梅兰芳在此接待过美国前总统威尔逊的夫人、好莱坞影帝范朋克（Douglas Fairbanks，1883—1939）、印度大诗人泰戈尔、英国作家毛姆（William Somerset Maugham，1874—1965）等众多名人政要。当年外国名人来北京的旅游口号便是“游长城、观颐和园、访梅府”。

1929 年上海商务印书馆出版的《梅兰芳》，记载了瑞典王储古斯塔夫和夫人到梅宅访问的情况。书中说，1926 年 10 月的一个晚上，梅家花园的长廊张灯结彩，道旁放满了鲜艳的菊花。晚上 10 时，上演了《玉簪记·琴挑》与《霸王别姬》，并提供了英文戏单。梅先生上妆的时候，贵宾在客厅中欣赏古董陈列。王储与王妃特别喜欢一方田黄石章，重约两盎司。他们已经花了好几天时间，想要找一方这样的印章，却无所获。当梅兰芳回到客厅，发现贵宾陶醉于珍物，他便双手捧着石章，以东方特有的礼貌，献给了贵客。王妃连声道谢，并向他保证，回国之后一定会小心珍藏，并世代相传，作为主人款待的永久纪念。

据房屋档案记载，无量大人胡同24号院是一座有东跨院的三进宅院，坐北朝南，院落之间靠过厅和游廊相连，院里还修有荷花池及假山花园，并有两层西式小楼。大宅里有大量从皇室家庭卖出的家具、古玩及字画，接待客人的茶具都是讲究的艺术品，家具则大多是紫檀和黄花梨的。

1932年，东北沦陷后华北告急。梅兰芳被迫挈妇将雏迁居上海，租住马斯南路121弄87号的三层花园洋房——湖南省政府主席程潜的房产，蓄须明志。不登台断了经济来源，1943年，梅家支撑不下去，夫人福芝芳不得不回北平卖掉无量大人胡同的宅子，风云一时的京城沙龙就此中断。1949年，梅兰芳面临去台湾还是留在大陆的抉择。齐如山是梅兰芳的铁杆支持团队——“梅党”的领袖，他选择去台湾；而梅兰芳毫不迟疑地要留在大陆，唱了一辈子戏，自然是观众在哪儿他在哪儿。“再思啊再想！”齐如山以一句戏文作为告别，这对死党一生无缘再见。

梅兰芳回京后，周恩来本想安排他住回无量大人胡同。梅兰芳婉谢，他说那间宅子已经卖给他人，不希望依靠政府之力迫使他人搬出，请政府给他一所小院即可。政府于是为梅兰芳安排了三套房子以供选择，护国寺甲 1 号院（后门牌号改为 9 号）是他看房的第一站。小院向东不远是庆王府遗址，此院原是王府马厩，后改建为二进四合院，民国时期曾是国民党军官宿舍。这宅子固然比不上大四合院和小洋楼，但对于梅兰芳来说，二十载颠沛流离，有个安定的家即好，身在新社会，今非昔比。梅兰芳表示对这里很满意，其他两处不必再看。

小院坐北朝南，北屋一排正房，最东边是梅兰芳与夫人的卧室，两张单人床并排摆放。梅兰芳公务繁忙经常很晚回家，演出后也习惯晚睡，为不打扰夫人休息分了两张床。正房中间是客厅。门口右手边立着紫檀穿衣镜，镜框周围是螺钿镶嵌的八仙过海图案，这面大镜子放在光线敞亮的地方，是为了方便梅兰芳对镜练功。沙发前横着一张明代长茶几，罩着玻璃板保护桌面上精致的竹刻山水。1926 年，这张茶几摆在无量大人胡同会客厅，瑞典王储（即后来的瑞典国王古斯塔夫六世，Oskar Fredrik Wilhelm Olaf Gustav Adolf，1882—1973）来访，这位专业的东方艺术鉴赏家，一边品茶一边欣赏茶几，说："这样珍贵的艺术品上面直接放茶盏太容易损伤了。"梅兰芳遂依王储建议，定做了一块玻璃板罩在上面。作为"四旧"物品，茶几在"文革"时被涂上黑漆。20 世纪 80 年代，一位擅长修复文物的老师傅将黑漆小心地抹去，山水这才重见天日。

梅兰芳酷爱绘画，当世名家被他拜了个遍，小有造诣。原本挂在客厅的，有清代宫廷画家郎世宁的《双鸽图》、扬州八怪之一金冬心题写的梅华诗屋匾、齐白石和陈半丁合画祝梅兰芳六十大寿的条幅、徐悲鸿为他画的肖像《天女散花图》等。主人在时，这间客厅很热闹，盛况不亚于当年的豪宅沙龙。田汉、欧阳予倩、周信芳、袁雪芬、红线女、丁果仙等新时代的同事、同行，都是护国寺小院的座上宾。用梅家厨师的话说，饭桌很少有空暇的时候，总是不断摆上饭菜招待客人。

客厅西侧是寂静的小书房，这是整座院子里唯一一个只属于梅兰芳的房间。透过窗口望去，书房与客厅相通的门楣上，挂着一块匾额“缀玉轩”。这诗意的名字是为梅兰芳创作剧本的李释戡所拟，意思是采取众家之长融为一体。缀玉轩本不是书房的名字，而是常在书房聚会的“梅党”团体雅号。

东厢房是厨房餐厅和女儿梅葆玥（1930—2000）的卧室，西厢房是长子梅葆琛（1925—2008）的卧室。1950—1951 年间，梅兰芳一家陆续搬至北京。不久，两个儿子都结婚生子，加盖了南房、西跨院后罩房。宅子挤了点，但便于梅兰芳与孙辈们亲近。有一次，孩子们在院里踢球，一脚把球踢进厨房饭锅里，梅兰芳只觉有趣，并不责怪。

搬进小院后，梅兰芳还在院子四角种了两株海棠、两株柿子，今天花树已长得枝繁叶茂。树影四周，东西厢房通过彩绘穿廊与正房相连，就像一个精致的相框，圈着小院。1959 年，就在这“相框”里，梅兰芳走过了人生的最后 10 年，他的最后一部戏《穆桂英挂帅》就是在这里创作的。

第二部分

府院往事

新中式的方式之一·在原四合院布局上加层、地下室、天井，形成豐富空间
王受之写

第六章

山西大宅

四合院是中国黄河以北地区的主要住宅布局形式，符合气候条件，也符合宗族观念，在河北、山西、山东、陕西均有相当数量的分布，其中山西还保留了几个顶级的大院，是当年富裕的山西商人（晋商）的大宅，布局上和北京四合院接近，但是也有浓郁的地方色彩，亦满足商人炫耀的诉求。

好几年前有一部电视剧叫作《乔家大院》，背景就是这么一个大宅院里家族的兴衰。乔家大院位于山西省祁县乔家堡村，建设时间延续了几代人，从乾隆到光绪年间不断扩大，规模惊人。虽然也依照了四合院的基本惯例，但是更多考虑到的是山西的具体情况，特别是在地方治安不稳定的时期，防护性要求使得这个大院建造得近乎要塞。

乔家大院与四合院的单层结构不同，都是楼房院，最早是乔全美在乾隆年间开始建造的。他建造了主楼，那是一座很结实的硬山顶的砖瓦房，砖木结构，有窗棂而无门户，上楼的楼梯筑于室内。墙壁厚，窗户小，坚实牢固，为里五外三院。这种结构在北京基本看不到，因为北京城内无须如此壁垒森严。而山西则不行，对外封闭、对内开放，围合得严严实实。北京四合院比较大的是“目”字三进院，而这个乔家大院则是双“喜”字形，分为 6 个大院，内套 20 个小院，313 间房屋，建筑面积 4 175 平方米，三面临街，四周是高达 10 余米的全封闭青砖墙，大门为城门洞式。

乔致庸时期乔家大院大兴土木，最终扩展到现在我们看到的规模。他主要集中力量在老院西侧扩展，新拓展出来的也是一座楼房院，里五外三，形成两楼对峙的格式，主楼为悬山顶、露明柱结构，叫作明楼。明楼竣工后，又在与两楼隔街相望的地方建筑了两个横五竖五的四合斗院，使四座院落处于街巷交叉的四角，后来连成一体。

光绪中晚期，地方治安不稳，乔家大院此时扩展到了周边的小巷街道，便把巷口堵上，建成了西北院和西南院的侧院；东面堵了街口，修建了大门；西面建了祠堂；北面两楼院外又扩建成两个外跨院，新建两个芜廊大门。跨院间有栅栏通过，并以拱形大门顶为过桥，把南北院互相连接起来，形成城堡式的建筑群。1921 年后，乔家大院继续在西南院建新院，格局和东南院相似。窗户全部刻上大格玻璃，西洋式的装饰，采光效果很好，在式样上也有了改观。西北院改建为客厅，客厅旁建了浴室，本来还会扩展，因为日军侵华而中断了。

这个大院体现了传统四合院结构因特殊环境而发生的演变和发展。这样的大院在山西还有几个，其中“王家大院”规模更大，俨然一个小城寨。

王家大院在山西省灵石县城东12公里的静升镇。由静升王氏家族经明清两朝、历经300余年修建而成，包括五巷六堡一条街，总面积达25万平方米。灵石静升王氏家族，从耕作兼营豆腐业开始，由农及商，由商到官，家业渐大，家资渐厚，声名渐高，其后大兴土木，营造宅第。王家最早筑屋舍于村西张家槐树附近，之后由西向东，从低到高，逐渐扩展，修建了“三巷四堡五祠堂”等庞大的建筑群。

现已开放的高家崖、红门堡、崇宁堡三大建筑群皆为黄土高坡上全封闭城堡式建筑群，共有大小院落231座，房屋2 078间，面积8万余平方米。主体院落为前堂后寝式布局，不同身份人的居所和不同功能的院落均按照封建等级制度巧妙布设在有限的空间中，不仅有着功能齐全、成龙配套的实用性，而且形成了院内套院、门内有门、层楼叠院、错落有致的艺术构架。

可以说，王家大院的建筑格局铺陈远远超越了北京的所有四合院住宅的形制，虽然依旧是中国传统住宅的前堂后寝的庭院，但是规模夸张得多，尊卑贵贱有等，上下长幼有序，内外男女有别，起居功能一应俱全。

其中，高家崖建筑群在王家大院的东侧，由静升王氏十七世孙王汝聪、王汝成兄弟俩修建于嘉庆元年（1796 年）至嘉庆十六年（1811 年），面积达 19 572 平方米。高家崖建筑群有大小院落 35 座，房屋 342 间，主院敦厚宅和凝瑞居皆为三进四合院，每院都有祭祖堂、绣楼，又都有各自的厨院、家塾院，并有共用的书院、花院、长工院、围院。周边堡墙紧围，四门择地而设。大小院落中间用东西南北朝向的 65 道门连接，每个院落都是相对独立的。

红门堡建筑群建于乾隆四年（1739 年）至乾隆五十八年（1793 年），总面积 2.5 万平方米，依山而建，是堡、城建筑。整个院落从低到高分四层排列，并且左右对称，中间纵贯一条主干道，形成了一个很规整的“王”字造型。

红门堡的住宅院落的风格可谓独树一帜，因为其他地方的四合院基本的住宅风格几近统一，而这个建筑群却迥然不同，堡内 88 座院落各具特色，无一雷同，体现了居住者的独特品位。比较突出的是司马院，位于红门堡二甲西巷，是王氏十六世孙王寅德的宅院。该院落一关辖三门，三门通四院。四座院落主题各异，分别为加官、进禄、增福、添寿。而红门堡的另外一个府宅叫作绿门院，位于红门堡三甲东巷，是一座典型的北方四合院。庭院装饰华丽，雕刻讲究，木雕挂落“满床笏”，石雕“四爱图”都是很极致的作品。红门堡这些院落共用一个花园，叫作顶甲花园，为前园后院布局。前面四座花园，连环紧套。后院环境幽雅。

王家大院的建筑装饰，可以说是清代“纤细繁密”的集大成者。砖雕、木雕、石雕题材丰富、技法娴熟，中国传统的吉祥花草、珍禽瑞兽、历史典故等在古代匠人的精雕细琢下，定格成一幅幅或抒发情怀，或寄托希望，或勉励自身，或训诫后辈的美丽画卷，集中展示了中华民族深厚的文化底蕴和王氏家族独特的治家理念。

整个建筑设置集官、商、民、儒四位于一体，既遵循了中国古代传统的阴阳五行之说，又合乎尊卑有序、内外有别的伦理道德礼制，同时还在建筑的局部和细微之处，汲取了南方园林建筑的设计风格，将造院技巧与造园艺术有机地融为一体，形成王家大院建筑艺术的又一大特色。对比山西晋商的大宅门，可以看到中式住宅的类型的核心和演绎方式有多大的差异。

典型徽派民居
农村.
王受之.2017.

第七章

徽商“肥水不流外人田”

中国传统住宅，长江流域一线以徽派建筑为代表。徽派住宅是传统建筑的一个重要流派，主要分布在皖南、赣南一带，特别是在徽州，也就是今天的安徽黄山市、绩溪县、婺源县和严州、金华、衢州等浙西地区密度最高，很多村落一色徽派建筑。今天要看传统的徽派建筑，当属黄山脚下的西递、宏村两个古村落最著名。

徽商是徽派建筑的主要推手，他们讲究规格礼数，官商亦有别。但在当时的社会环境下商人的政治地位很卑微，封建制度不能容忍他们建造富丽堂皇的宅第（明代规定：庶民庐舍不逾三间五架，不许用斗拱彩色，民居宅院建筑装潢前后左右不许开池塘、构亭馆，以资远眺）。于是，商贾们不得不另辟蹊径，以真山真水为园林，大量使用花墙、花窗、天井、虚门等极为普遍的建筑物，从而营造出“山随宴座图画出，水作夜窗风雨来”的奇妙境界。

徽商在江浙一带经商，在自己的家乡建造讲究的住宅，遂逐步成了体系。当地民间对建筑的审美已经形成比较高水平的认知，无论高低贫富，建筑都有独到的地方，比其他地区的住宅在设计上高一筹，除富丽堂皇的巨贾大宅外，小户人家的民居亦不乏雅致与讲究。因此徽派建筑是最有看头的传统作品之一。民居、祠堂和牌坊最为典型，被誉为徽州古建三绝。

这些精致的民居建筑的布局，一般都以三合院或四合院为基本单位，但与北京的院落形式有别。不像北方建筑大部分在平原上，这里往往依山傍水，参差起伏。皖南潮湿多雨，况且是丘陵型的山区，为适应当地气候、地形的特点，安徽传统的民居建筑多为各种造型的二层楼房，建筑形式非常多元化，层楼叠院，根据户主的经济情况而不同，有些非常朴素，也有些异常堂皇。

因为这里崇尚文化，因此建筑都比较收敛而典雅，这一点是和山西大宅很不同的地方。徽派建筑大多坐北朝南，木梁承重，以砖、石、土砌护墙；以堂屋为中心，以雕梁画栋和装饰屋顶、檐口见长。旧时徽州城乡住宅多为砖木结构的楼房，明代以楼上宽敞为特征，清代以后，则多为一明（厅堂）两暗（左右卧室）的三间屋和一明四暗的四合屋。

明清时代徽州一般的民居均为大宅，以三合院或四合院最为普遍。两层多进，各进皆开天井，充分发挥通风、透光、排水作用。各进之间有隔间墙，四周高筑防火墙（马头墙），远远望去，犹如古城堡。一般是一个家庭之系住一进，中门关闭，各家独户过日子。中门打开，一个大门进出祭奠先人。前庭两旁为厢房，楼下明间为堂屋，左右间为卧室。堂屋一般不用隔扇，为开敞式。厢房开间窄小，进深很浅，故采光性能较好。

人们坐在室内，可以晨沐朝霞、夜观星斗。阳光经过天井的“二次折光”，比较柔和，给人以静谧之感。由于建筑多为二层，内院形成几重天井，雨水通过天井四周的水枧流入阴沟，俗称“四水归堂”，意为“肥水不外流”，体现了徽商聚财、敛财的思想。

徽州山区气候湿润，人们一般把楼上作为日常生活的主要栖息之处，保留了本土山越人“巢居”的遗风。所以，民居楼上层多为“跑马楼”形式，通廊环绕，极为开阔，有厅堂、卧室和厢房，书房和闺房都在楼上。这样，一方面不受来往客人的干扰，另一方面，也供读书人放眼外眺，舒缓一下紧张了很久的眼睛。天井周沿，还设有雕刻精美的栏杆和“美人靠”。据说有的二楼还设有隐藏在栏杆雕花之中的小窗，供闺房小姐看楼下的青年男子。一些大的家族，随着子孙繁衍，房子就一进一进地套建，形成“三十六个天井，七十二个槛窗”的豪门深宅，黟县关麓的“八大家”就是由 8 个兄弟的 20 幢民居屋舍相贯、院庭联幢而成。

徽派建筑和山西大宅门有一点相似，就是高墙防盗，另外，房屋外墙，除入口外，只开少数小窗。小窗通常用水磨砖或黑色青石雕砌成各种形式漏窗，点缀于白墙上，形成强烈的疏密对比。民居正立面，墙上有卷草、如意一类的砖雕图案。入口门框多用青石砖砌成，给人以幽静安闲之感。

有些大宅还有暗室，由于平面复杂，暗室入口常用砖墙面、木雕装饰等掩盖，所以难以发现。除暗室外，还有夹层设计，从楼下看，以为是楼上的楼板，而上楼后，脚下就是地板，这种夹层设计，有时一家人中，也只有一两个人知道，里面放有金银珠宝等贵重物品。也是从另一个方面说明中国民间长期以来治安并不理想。

皖南民居外部简练朴素，内部则绚丽多彩。“四水归堂”周边的楼柱有木栏杆，栏杆上花纹丰富多变，或简或繁，在统一中又有变化。以水平线条为主的雕饰较繁密的栏杆，与上下两层以垂直线条为主、体形比较素净的木板壁及柳条式的窗棂形成强烈的对比。

讲徽派民居建筑，总要梳理出它与众不同的特点。徽派建筑的形式、布局更多受所在地势的影响，因此不像四合院那么千篇一律，并且也不一定是对称布局的；但是在朝向上，依然是南北为主，大部分住宅以朝北居为中心。

如果地形不特殊，住屋的最佳朝向，当选择坐北朝南，但徽州明清时期所建民居，却大多是大门朝北，这与国内其他地区流行的朝南开门的情况不同。究其原因，是来自徽人的居住习惯中的禁忌。此地从汉代开始就流行“商家门不宜南向，征家门不宜北向”的说法。据五行说法：商属金，南方属火，火克金，不吉利；征属火，北方属水，水克火，也不吉利。徽州明清时期，徽商鼎盛，他们一旦发了财，就回乡做屋，为图吉利，大门自不朝南，形成皆朝北居的局面。至今徽州仍保留有数以万计的朝北古民居。

徽州宅居很深。进门为前庭，中设天井，后设厅堂住人，厅堂用中门与后厅堂隔开，后厅堂设一堂二卧室，堂室后是一道封火墙，靠墙设天井，两旁建厢房，这是第一进。第二进的结构仍为一进分两堂，前后两天井，中有隔扇，有卧室四间，堂室两个。第三进、第四进或者往后的更多进，结构都是如此，一进套一进，形成屋套屋。这种屋套屋的设计，也就成了徽派住宅建筑的另外一个突出的特点。

中国建筑中用重檐的大部分是皇家建筑，民居绝少用重檐的，但是徽派却一反常态，民居皆建成双层屋檐。这重檐习俗的形成，传说是宋赵匡胤陈桥兵变时亲征到歙州，时值大雨，檐下避雨，彼时徽州民居屋檐窄小，赵匡胤被淋湿，雨后嘱村民可不按礼制用出檐，以供躲雨，故重檐普及。事似杜撰，但是在皖南传播甚广。无论如何，重檐建筑就成了徽派的第三个特点了。

徽派建筑在室内装饰和摆设方面也极为讲究。比如，制造得好像一个小要塞一样的“满顶床”。这种床是徽州传统床具，因为床顶、床后和床头均用木板围成，故称“满顶床”。床前挂帐幔，床柱多用榧木制作，因为榧数年花果同树而生，取“四代同堂”和“五世昌盛”的彩头。床板常用7块，寓“五男二女”之意。床的正面，雕饰较为讲究，左右两侧一般雕饰为“丹凤朝阳”，上牙板雕为“双龙戏珠”，床周栏板一般均雕有“凤凰戏牡丹”“松鼠与葡萄”“鸳鸯戏水”等精美图案。

另外，室内固定的家具颇多。太师椅、八仙桌是最常见的，还有一种本地比较重要的家具叫“压画桌”，它是徽州宅居的传统陈设。徽州民居厅堂正中壁上多挂中堂画、对联，或用大幅红纸写上“天地君亲师”5个字，均装裱成卷轴悬挂。在卷轴之下设长条桌，桌面上放置两个马鞍形的画脚，卷轴向下展开至长条桌，搁入画脚的“马鞍”内，画幅即平整稳固，此长条桌则称“压画桌”。

徽派建筑群的祠堂多，也是一个特点。这里聚族而居，祠堂、支祠、家祠多，一个村子有几十个祠堂的情况很常见。黟县南屏全村共有 30 多座祠堂，宗祠规模宏伟、家祠小巧玲珑，形成一个风格古雅的祠堂群。古徽州名门望族修祠扩宇、营建支祠，规模胜似琼楼玉宇，以显示家族的昌盛。这些大祠堂，用料硕大厚实，有的竟采用整块长达 6.7 米、高 1 米多、宽 80 厘米的大木料作月梁；用整根圆周 2.3 米、高 7.8 米的大木料作厅柱；开凿出整块 10 米多长、5 米多宽的大石板作台阶。祠堂的享堂、寝堂采用一色的名贵木材，如银杏等，称白果厅；也有重梁叠架，称百梁厅；祠堂大门多作五凤楼。

徽派建筑以砖、木、石为原料，以木构架为主。梁架多用料硕大，且注重装饰，其横梁中部略微拱起，故民间俗称为冬瓜梁，两端雕出扁圆形（明代）或圆形（清代）花纹，中段常雕有多种图案，通体显得恢宏、华丽、壮美。立柱用料也颇粗大，上部稍细。明代立柱通常为梭形。梁托、爪柱、叉手、霸拳、雀替（明代为丁头拱）、斜撑等大多雕刻花纹、线脚。梁架构件的巧妙组合和装修使工艺技术与艺术手法相交融，达到了珠联璧合的妙境。梁架一般不施彩漆而髹以桐油。墙角、天井、栏杆、照壁、漏窗等用青石、红砂石或花岗岩裁割成石条、石板筑就，且往往利用石料本身的自然纹理组合成图纹。

徽派建筑的装饰雕刻是很著名的，砖、木、石雕往往配合制作，相得益彰。砖雕大多镶嵌在门罩、窗楣、照壁上，在比较大型的青砖上雕刻着生动逼真的人物、虫鱼、花鸟及八宝、博古和几何图案，极富装饰效果。

木雕在古民居雕刻装饰中占主要地位，表现在月梁头上的线刻纹样，平盘斗上的莲花墩，屏门隔扇、窗扇和窗下挂板、楼层拱杆栏板及天井四周的望柱头等。内容广泛，多人物、山水、花草、鸟兽及八宝、博古；题材众多，有传统戏曲、民间故事、神话传说和渔、樵、耕、读、宴饮、品茗、出行、乐舞等生活场景；手法多样，有线刻、浅浮雕、高浮雕透雕、圆雕和镂空雕等。其表现内容和手法因不同的建筑部位而各异。这些木雕均不饰油漆，而是通过高品质的木材色泽和自然纹理的表现，使雕刻的细部更显生动。

石雕主要表现在祠堂、寺庙、牌坊、塔、桥及民居的庭院、门额、栏杆、水池、花台、漏窗、照壁、柱础、抱鼓石、石狮等上面。内容多为象征吉祥的龙凤、仙鹤、猛虎、雄狮、大象、麒麟、祥云、八宝、博古和山水风景、人物故事等，主要采用浮雕、透雕、圆雕等手法，质朴高雅，浑厚潇洒。

徽派住宅影响很广泛，特别在现代的新中式风气中，很多新的开发项目会部分采用徽派的马头墙、小青瓦、飞檐、雕刻元素，具有很强烈的民族感。

杭州西溪

第八章

园林住宅

国人设计讲究的院落住宅时，原来不怎么兴设计、规划图，但总有个“烫样”（建筑模型），或者有个大概的规划布局样式，我在故宫的收藏库里，看过无数件故宫、圆明园、颐和园的烫样，全部出自一个姓“雷”的家族，这是一个家族垄断了皇家建筑全部项目的极端例子。

古代城市规划大概有个总体思想，但是也没有像现在的规划图、规划局、总体规划方案那些，很多都是私人买地，自己规划设计。北京的四合院就看看你做几进而已，讲究的三、四进，能到五进已经是你上辈子积德了。宽一点的院面，两边不但有东西厢房，而且厢房到住房之间也可以建造“抄手回廊”了。如果是穷人，能够做一个独院就不错了，门关起来也是自成一统的。

南方的住宅院落情况比较复杂，因为他们有水之利，并且有些还有山水之境可以借用，冬天也没有那么冷，春秋特别美好，因而在住宅和园林方面，只要有条件的家族，都会设法多放精力在园林上，住宅宽敞即可。故而江南园林，往往大家只注意到精美的园林，而那些住宅大多数没有考虑保暖，按照居所住宅来看，这些名园里的住宅大部分冬天都要靠火炉取暖。

我喜欢看苏州的园林住宅，也认为它们是中国住宅中顶级的一类。苏州园林中，最令我心仪的是那些小的园林住宅，因为面积小，就不得不经济用地，稍不小心会宅压倒园，反过来也会园大挤迫宅，这里最典型例子就是非常小的“网师园”。

网师园位于苏州市城区东南部带城桥路阔家头巷 11 号，包括原住宅在内的园林面积才 10 亩（1 亩≈ 666.74 平方米），其中园林部分占地约 8 亩余。而花园占地已经 5 亩，其中水池又占了 0.67 亩，留到住宅，不到 3 亩。所以设计起来非常精心，小中见大，布局严谨，主次分明又富于变化，园内有园，景外有景，精巧幽深之至。建筑虽多却不见拥塞，山池虽小，却不觉局促。

这个小小的园林住宅，并排分为三片，东部为宅第，中部为主园，西部为内园。宅第规模中等，为苏州典型的清代官僚住宅。大门南向临巷，前有照壁，东西两侧筑墙，跨巷处设辕门，围成门前广场。场南对植盘槐，东西墙置拴马环。大门两边置抱鼓石，饰以狮子滚绣球浮雕，额枋上有阀阅 3 只，正门东侧设便门。住宅区前后三进，屋宇高敞，有轿厅、大厅、花厅，内部装饰雅洁，外部砖雕工细，堪称封建社会仕宦宅第的代表作。由大门门厅至轿厅，东有避弄可通内宅。轿厅之后，大厅崇立，即“万卷堂”。其前砖细门楼为乾隆间物，雕镂之精，被誉为“苏州古典园林中同类门楼之冠”。其后“撷秀楼”原为内眷燕集之所，楼后五峰书屋为旧园主藏书处。以上 3 处的家具陈设，多为清式，尤富丽端庄。屋东北“梯云室”内黄杨木落地罩上，镂刻双面鹊梅图，雕工极精。“梯云室”北为下房区及后门。我记得第一次来这个园是 1975 年春天，那时候就是从这个后门进来参观的。

主园在宅第之西，三进厅堂，后院和梯云室都有侧门或廊通往主园，正通道为轿厅西侧小门，楣嵌乾隆时砖额“网师小筑”。入内建筑物较多，组成庭院两区：南面小山丛桂轩、蹈和馆、琴室为居住宴聚用的一区小庭院；北面五峰书屋、集虚斋、看松读画轩等组成以书房为主的庭院一区，居中为池。池北竹外一枝轩原为封闭式斜轩。池东南，溪上置石拱桥名引静桥，为苏州园林最小石桥。竹外一枝轩后的天井植翠竹，透过洞门空窗可见百竿摇绿，其后面为集虚斋。主园池区用黄石，其他庭用湖石，不相混杂。突出以水为中心，环池亭阁也山水错落映衬。

西部为内园，由“潭西渔隐”月洞门（此处亦为何氏辟）入，地 1 亩余，庭院精巧古雅，花台中盛植芍药名种，西北角院里轩屋名“殿春簃”便得于此。轩北略置湖石，配以梅、竹、芭蕉成竹石小景。轩西侧套室原为画家张大千及其兄弟张善子的画室“大风堂”。庭院假山，采用周边假山布局，东墙峰洞假山围成弧形花台，松枫参差。南面曲折蜿蜒的花台，穿插峰石，借白粉墙的衬托而富情趣，与“殿春簃”互成对景。花台西南为天然泉水“涵碧泉”。北半亭“冷泉亭”因“涵碧泉”而得名，亭中置巨大的灵璧石。

我曾经夜游网师园。在 11 月之前，网师园晚上会有演出，并且是 8 个小节目在不同的园林、建筑空间中演出，入门的江南丝竹、接着的古筝、古琴、洞箫横笛、折子戏北昆的“十五贯”片段、南昆的“游园惊梦”片段，苏州评弹，在古典园林中听江南音乐精华，也真是值了。

那天晚上，看完所有的演出，我从前面走出来的时候，在中院中间站了一下，静静思考一个如此小的园能够做得如此丰富，却又没有拥挤、堆砌感，需要多少的智慧。无论多么富有，绝大部分的园林住宅都有限制，不能够为所欲为。除了好像皇家园林这样可以肆无忌惮、天马行空的设计建造，一般园林住宅都不得不考虑土地大小、容积率高低、人流车流进出的流线、配套设施的完善、价格定位等等要素。看起来一个如花似锦的园子，其实是做出了好多妥协、好多平衡的结果，并不简单。但是，不管如何设计，住宅、居住环境一旦让人感觉到拘束，在设计上已经失败了。因此，在设计上需要首先考虑如何能够突破空间范围较小的局限，实现小中见大的空间效果。

这就是我喜欢到苏杭、江南看各种私家园林的原因，我并不在意那些人人都注意的园中景点，而是注意如何巧用空间，在有限之中给你仿若无限的感觉的技巧。我们注意到在江南园林中，建筑总是沿边缘做，并且建筑围合着庭院，这样，建筑无论大小，有自己的内庭，尺度容易被牵制，而走出建筑，进入园林，再有豁然开朗的尺度，形成对比。在较小的空间范围内，一般均取亲切近人的小尺度建筑，体量较小，有时还利用人们观赏物体“近大远小”的视觉习惯，有意识地压缩位于山顶上的小建筑的尺度，而造成空间距离较实际状况略大的错觉。这类小建筑物往往是点景用的，苏州怡园假山顶上的螺髻亭，体量很小，柱高仅 2.3 米，柱距仅 1 米。网师园水池东南角上的小石拱桥，微露水面之上，从池北南望，流水悠悠远去，似有水面深远不尽之意。

要让一个原本尺度有限的园林住宅显得更加宽大、纵深、层次多，需要利用第三种手法，就是增加景物的景深和层次的方法。

我们在江南园林中，看见景深多利用水面的延伸，往往在水流的两面布置石林木或建筑，形成两侧夹持的形式。然后借助于水面的深邃、邈远感，使得整个园区比物理上的尺度感觉更大、更深，淙淙流水两端对望，增加了空间的深远感。

在苏州，我很喜欢用一个大园、一小园来解释以上这三种造园建宅的基本手法。大园就是拙政园，拙政园最大的园林在中部，由“梧竹幽居亭”沿水流向西，展示整个园区内最大的景深，并且还可以看到三个景物的空间层次：第一个空间层次在隔水相望的“荷风四面亭”，南部为邻水的“远香阁”和“南轩”，朝北看，水中有两个小岛，上面分别是“雪香云蔚亭”与“待霜亭”，这一批景点形成第一个空间层次；然后通过“荷风四面亭”两侧的堤、桥可以看到走到“别有洞天”半亭就结束了的第二个空间层次；而拙政园的西园的“宜两亭”及园林外部的北寺塔，高出游廊的上部，形成最远的第三个空间层次。一层远似一层，空间感比实际的距离深远得多，层层叠叠。

利用水景、堆砌石景来达到通过意境的联想扩大空间感的效果，这方面我自认做得真正精彩的是苏州的环秀山庄的叠石，用砌石把自然山川之美概括、提炼，浓缩在一亩多地的有限范围之内，在这里创造了峰峦、峭壁、山涧、峡谷、危径、山洞、飞泉、幽溪等一系列点题的景。

中国传统园林府宅一直在努力打破住宅合院的那种规则、方整的生硬形式，方法比如用“之”字形游廊贴外墙布置，以打破高大围墙的堵塞感。曲廊随山势蜿蜒上下，或跨水曲折延伸，廊与墙交界处有时留出一些不规则的小空间点缀山石树木，顺廊行进，角度不断变化，即使墙在身边也感觉不到它的平板、生硬。再比如在转角部位叠以山石，山上建亭，亭有时还有爬山斜廊接引，由山石及廊、亭，再引向远处的高空，或者采用扇面亭的办法，把人的注意力引向庭院中部的山池，经常以山石与绿化作为高墙的掩映，在白粉墙下布置山石、花木，“实”墙变为“虚”景。

如果要说中国传统园林府宅建筑的核心思想，那就是要突破自然山水不足，以人造的自然体现出真山真水的意境。历代园林都是这样做的。就一个有园林的住宅区来说，如何做才叫有意思呢？我想方法不外乎两种：先有文思概念，找文脉思路去布局园林、住宅建筑，是先有词再谱曲的做法，很少见；另外一种是工匠按照自己的思路先建造园林、住宅，然后再给予命名，也就是文思是后面加上去的，这种做法最多见。

中国传统方法建住宅园林，文脉思路是非常重要的。以我自己的阅读经历来看，在建一座完整的住宅园林的思考过程中，没有哪一本在记载上能够超越《红楼梦》的精细和周密。建造“大观园”花了很多时间，到工程结束的时候，需要给各处景点命名对设计调整，就出了这本书的第十七回。这一回可以说是中式府宅、园林设计的教科书式的精彩章节了。我们看看这里是如何描写的。

贾珍向贾政汇报，园内工程俱已告竣，需要他去检查，有不妥之处，再行改造，之外就是要题匾额对联，因此带了包括贾宝玉在内的一帮人进去大观园内视察。

入口的设计颇为壮观："先秉正看门。只见正门五间，上面桶瓦泥鳅脊，那门栏窗，皆是细雕新鲜花样，并无朱粉涂饰，一色水磨群墙，下面白石台矶，凿成西番草花样。左右一望，皆雪白粉墙，下面虎皮石，随势砌去，果然不落富丽俗套，自是欢喜。遂命开门，只见迎面一带翠嶂挡在前面。往前一望，见白石崚嶒，或如鬼怪，或如猛兽，纵横拱立，上面苔藓成斑，藤萝掩映，其中微露羊肠小径。"这种做法是以粉墙加山石做屏障，从而形成气势，并且墙面仅仅白色，衬托太湖石的深幽，入门的基调建立。

假山石上有镜面白石一块，贾宝玉建议点题用"曲径通幽处"，也是开门见山的做法。

进到园子里，第一个景点是一个桥上的望景亭子，"佳木茏葱，奇花闪灼，一带清流，从花木深处曲折泻于石隙之下。再进数步，渐向北边，平坦宽豁，两边飞楼插空，雕廊绣槛，皆隐于山树杪之间。俯而视之，则清溪泻雪，石磴穿云，白石为栏，环抱池沿，石桥三港，兽面衔吐"。桥上有亭。贾宝玉起名为"沁芳"，并且做了一副对联："绕堤柳借三篙翠，隔岸花分一脉香。"

这批人见到的第一个居住园区，是这样的："出亭过池，一山一石，一花一木，莫不着意观览。忽抬头看见前面一带粉垣，里面数楹修舍，有千百竿翠竹遮映……大家进入，只见入门便是曲折游廊，阶下石子漫成甬路。上面小小两三间房舍，一明两暗，里面都是合着地步打就的床几椅案。从里间房内又得一小门，出去则是后院，有大株梨花兼着芭蕉。又有两间小小退步。后院墙下忽开一隙，得泉一派，开沟仅尺许，灌入墙内，绕阶缘屋至前院，盘旋竹下而出。”就这个住宅，贾宝玉命名为“有凤来仪”，他随口创作的对联是“宝鼎茶闲烟尚绿，幽窗棋罢指犹凉”。

接着往里走，见到第二个居住小区是具有农家味道的：“倏尔青山斜阻。转过山怀中，隐隐露出一带黄泥筑就矮墙，墙头皆用稻茎掩护。有几百株杏花，如喷火蒸霞一般。里面数楹茅屋。外面却是桑、榆、槿、柘，各色树稚新条，随其曲折，编就两溜青篱。篱外山坡之下，有一土井，旁有桔槔辘轳之属。下面分畦列亩，佳蔬菜花，漫然无际。”贾宝玉根据“柴门临水稻花香”引申命名“稻香村”。但是，贾宝玉对于这种生搬硬套在大观园里做农舍的低俗做法是颇有看法的，他就这个“稻花村”项目说：“此处置一田庄，分明见得人力穿凿扭捏而成。远无邻村，近不负郭，背山山无脉，临水水无源，高无隐寺之塔，下无通市之桥，峭然孤出，似非大观。争似先处有自然之理，得自然之气，虽种竹引泉，亦不伤于穿凿。古人云‘天然图画’四字，正畏非其地而强为地，非其山而强为山，虽百般精而终不相宜。”虽然贾宝玉被贾政大骂一顿，但他说的倒真是实实在在的道理。

大观园很大，跟着贾政一众的描述，阐述清楚了这个园子的规划布局和设计。那一批人离开了“稻花村”，转过山坡，穿花度柳，抚石依泉，过了荼蘼架，再入木香棚，越牡丹亭，度芍药圃，入蔷薇院，出芭蕉坞，盘旋曲折。忽闻水声潺潺，泻出石洞，上则萝薜倒垂，下则落花浮荡。贾宝玉命名为“蓼汀花溆”。

他们离开了蓼汀花溆，从山上盘道攀藤抚树过去。水上落花越多，其水越清，溶溶荡荡，曲折萦迂。池边两行垂柳，杂着桃杏，遮天蔽日，真无一些尘土。忽见柳荫中又露出一个折带朱栏板桥来，度过桥去，诸路可通，便见一所清凉瓦舍，一色水磨砖墙，清瓦花堵。那大主山所分之脉，皆穿墙而过。这片青砖建筑，按照贾政的看法很无味。他解释说是：“因而步入门时，忽迎面突出插天的大玲珑山石来，四面群绕各式石块，竟把里面所有房屋悉皆遮住，而且一株花木也无。”解决方式是种植了许多异草，牵藤的、引蔓的，垂山巅穿石隙，垂檐绕柱，萦砌盘阶，翠带飘曳，金绳盘屈，实若丹砂，花如金桂，味芬气馥。其实也是一种很特殊的用藤蔓造景的新手法。这群建筑两边俱是抄手游廊，便顺着游廊步入。上面五间清厦连着卷棚，四面出廊，绿窗油壁，清雅不同。连贾政都说：“此轩中煮茶操琴，亦不必再焚名香矣。”贾宝玉起名“蘅芷清芬”，对联是“吟成豆蔻才犹艳，睡足荼蘼梦也香”。

至此，我们数一数，大观园已经有两个住宅组团——“稻香村”“蘅芷清芬”，而中间穿插园囿。“蘅芷清芬”四周用抄手游廊连带起来，是一种很好的组群方式。

大观园的主居住区，是留给贾家入了皇宫做了妃子的元妃回来省亲居住的，自然修建得张扬，书里描绘说：崇阁巍峨，层楼高起，面面琳宫合抱，迢迢复道萦纡，青松拂檐，玉栏绕砌，金辉兽面，彩焕螭头。就是正殿，入口一座玉石牌坊，上面龙蟠螭护，玲珑凿就。众人俗气地称之为“蓬莱仙境”，真是糟蹋了这么好的一个园子了。

“之后再往里面走，居所颇多，或清堂茅舍，或堆石为垣，或编花为牖，或山下得幽尼佛寺，或林中藏女道丹房，或长廊曲洞，或方厦圆亭，最后又见一所院落，贾政带头，一径引人绕着碧桃花，穿过一层竹篱花障编就的月洞门，俄见粉墙环护，绿柳周垂。”“一入门，两边都是游廊相接。院中点衬几块山石，一边种着数本芭蕉，那一边乃是一棵西府海棠，其势若伞，丝垂翠缕，葩吐丹砂。这里的确设计得特别典雅，进入房内。这几间房内收拾得与别处不同，竟分不出间隔来。原来四面皆是雕空玲珑木板，或‘流云百蝠’，或‘岁寒三友’，或山水人物，或翎毛花卉，或集锦，或博古，或万福万寿各种花样，皆是名手雕镂，五彩销金嵌宝的。一隔一隔，或有贮书处，或有设鼎处，或安置笔砚处，或供花设瓶，安放盆景处。其他各式各样，或天圆地方，或葵花蕉叶，或连环半璧。真是花团锦簇，剔透玲珑。倏尔五色纱糊就，竟系小窗，倏尔彩凌轻覆，竟系幽户。且满墙满壁，皆系随依古董玩器之形抠成的槽子。诸如琴、剑、悬瓶、桌屏之类，虽悬于壁，却都是与壁相平的。这群人未进两层，便都迷了旧路，左瞧也有门可通，右瞧又有窗暂隔，及到了跟前，又被一架书挡住。回头再走，又有窗纱明透，门径可行，及至门前，忽见迎面也进来了一群人，都与自己形相一样，却是一架玻璃大镜相照。及转过镜去，益发见门子多了。穿过后面，便是后院，从后院出去。说着，又转了两层纱厨锦槅，一门出去，院中满架蔷薇，宝相。转过花障，则见青溪前阻。一泓活水，从闸起流至那洞口，从东北山坳里引到那村庄里，又开一道岔口，引到西南上，共总流到这里，仍旧合在一处，从那墙下出去。直由山脚边忽一转，便是平坦宽阔大路，豁然大门前见。”

这是一条规划、文脉的思路，如果说穿了，就是中国造园的文本依据了。可惜现在已经没有多少人这么去做了。

《红楼梦》第十七回透露的是一种特殊的开发模式：没有容积率的要求，在一个围合的园子里用造景的方法点缀一些居住单位，而这些单位也都是单独围合，每一个都有自己的设计主题，并且要求每个园都拉开一些距离，用水体、树林、篱笆、假山石隔开，自成一体。

“大观园”的主要住宅都不在园内，园子里的类似潇湘馆、怡红院这些小型居住单位并非完全独立的住宅，应该是园林建筑的功能延伸而扩建的别墅型居住单位而已。与一个没有住宅在内的园林相比，设计带住宅在内的园林要难得多。住宅的比例越大、单位越多，难度也随即增加，而真正要做出住宅小区的园林，如何协调住宅的全面功能性，包括居住的舒适性、出入交通的方便性、配套的完整性，同时还要保持园林的基本特征：私密、幽静、自然、意境，是很具有挑战性的。

其实，中式园林住宅的比较突出的特点在什么地方呢？一般来说，体现在能够巧妙地利用有限的空间，通过设计使得中规中矩的住宅建筑和园林环境融合两方面。在中国传统园林住宅中，对园林府宅所在地段环境的全面认识、分清利弊、扬长避短是很关键的。

四合院中
王受之、2017、

清·承德避暑山莊.
2017.3.

第九章

顶级豪宅

对于中式建筑，有人笼统地将其分为两大派系：北方的合院派和南方的园林派。北方的合院派建筑在外观上采用了北京四合院的灰色坡屋顶、筒子瓦及一定高度的墙院围合方式；材质上多选用地域色彩浓厚的灰砖，形成雄浑、宏大的气势；空间结构上则是尽可能多地设计庭院空间，以追求四合院的全包围形式。南方园林派，则是造园为主轴的设计，以所谓“天人合一”的造园理念、精致的景观和空间处理手法独步天下。该派建筑多以苏州园林为主要传承对象，亭、台、楼、阁、轩等也多仿造苏州园林样式。景观营造手法借鉴园林中常见的景观处理方法，如借景、漏景、对景、隔景等。白墙青瓦、高大的马头墙、飞檐是建筑中的突出特点。整体建筑形象可用“粉墙黛瓦”来形容，如同中国水墨画，淡丽清雅。

但这种划分，我看未必准确。因为用地情况的限制，北方的合院有时候可以在南方建造，而南方的园林也可以用在北方住宅中。要说中国住宅的集大成者，或者说中国的顶级豪宅，应该就是皇帝住的地方了吧。这类宅子除了故宫、承德避暑山庄之外，全国上下屈指可数，但几乎都是合院和园林结合的作品。

故宫看起来庞大无比，据说住宅接近万间，在里面走一个圈，一天肯定不够，如果每间房、每个院都坐一下，怕得一年半载，世界上最大的宅子就是这个无疑。自从辽南京、金中都定于北京后，几代王朝在北京的建设便各有偏重。元朝全力建造大都新城，明朝偏重构筑宫殿，而清王朝则对营造山水园林兴趣浓厚。北京西郊蜿蜒的群山、充沛的水源正是兴建园林的理想之地。清王朝统治者是来自关外的满族人，尚保持着祖先驰骋山野的骑射传统，嗜爱大自然的山川林木。定都北京之初，他们不习惯北京的炎夏气候，也不喜欢常年深居禁宫，曾有择地另建避暑宫城的拟议。

其实皇宫好像一个监狱一样，正常人都住不习惯的，因此，大凡中国皇帝登基即位，建好皇宫没有多久，就会建园林行宫，然后本末倒置，在行宫园林里住，有事要办才装模作样地回皇宫露个脸。

外国人看了中国皇家宫殿和府宅之后，那种惊异是巨大的。但是我们手头的资料，绝大部分是对皇家的奢华、奇珍异宝的惊叹而已，绝少有对住宅建筑看法的记载。

比较常见的对皇家住宅、别墅的记录，是1793年9月份，英国使节马戛尔尼（George Macartney，1737—1806）勋爵到热河行宫和圆明园去见83岁的乾隆皇帝。他写道："在和中堂的带领下，我们骑马入园，行了大致有3英里（1英里≈1.6千米）路程……已而豁然开朗，眼前出现了一个湖，在湖边远望，湖对岸景物无法分辨，由此可见湖有多大。湖中有一艘华丽的游船，在此等候已久，游船旁还有几艘小船，以供侍从们乘坐。于是我们下马登船，开始游湖。湖中景色无需多言，仅仅是船上陈设的瓷器古董，壁上悬挂的书画，一个人看上整整一天，也不会觉得厌烦。""然后来到了宝殿，殿长150英尺（1英尺≈0.3米），宽60英尺，只有一面有窗户，窗户对面，摆放着御座。御座由桃心木制成，上面刻着精美的花纹，木料产自英国。中国人认为这种木材非常罕见，因此用来制作御座。御座放置在数尺高的基座上，两旁是木质的短阶，方便上下。御座之上，挂着一块匾额，上面写着'正大光明'四个大字。两旁各有一把孔雀毛做成的、美丽的大圆扇。……宫殿是皇帝处理政务的地方，关系着国家的尊严，非常宽敞。因此，我决定把那些最珍贵的礼物放置在大殿的御座旁边。"

其实热河行宫仅仅是别墅，当时真正讲究的皇家住宅是圆明园。康熙初年，北京大内遭火灾后重修，为了防火，也可能为了

王振之 2017
圆明园·茹古涵今

防范暴乱而将各宫院之间以高墙隔绝开，形成许多封闭的院落，颇不适宜居住。康熙皇帝更有心选择一处清静空旷的环境另建"避喧听政"长期居住之所。只是当时南方尚在用兵，政府财力不足。待到康熙中叶三藩叛乱平定后，社会环境较为安定，政府财力渐渐充裕，于是康熙立即着手修建清代第一座离宫型皇家园林——畅春园。后又在畅春园以北相去不远，为皇四子（后来的雍正皇帝）修造圆明园。

乾隆朝是我国封建社会最后一个繁荣时期。乾隆皇帝一生喜好野游，自谓"园林之乐，不能忘怀"。他曾经6次南巡江浙，多次巡游热河、盛京（即沈阳）、五台、岱岳和盘山等地。每至一地，凡他所中意的山水园景，就让随行画师摹绘成图，回京后在园内仿建。

马戛尔尼见到的乾隆皇帝，大部分都住在圆明园里面，那才是真正的皇家府宅！

我们现在老是说"圆明园"，其实在这个园没有被毁之前，是三个连在一起的园，分别是长春园、万春园、圆明园。圆明园宏大，其他两个园子其实更加精致。紧邻圆明园东墙的长春园始建于乾隆九年（1744年），十六年（1751年）初步完成。1772年，绮春园又在圆明园的南面初具规模。至此，在康熙以来百余年间所积累的丰富园林设计和施工经验基础上，圆明园造园艺术达到了最辉煌的时期，以圆明园为主体的圆明三园由此走向鼎盛。

盛时，圆明园遍布着数以百计的风景点，殿堂、楼阁、亭台、轩榭、馆斋、廊庑等各种园林建筑共约 16 万平方米，陆上建筑面积比故宫还多 1 万平方米。现在确定复建的比例不能超过 10%，即控制在 1.6 万平方米的范围内。复建将以服务设施、游客中心等功能建筑为主，园林古建景观并不占主导地位，除将要复建的圆明园大宫门、长春园二宫门及含经堂外，园中已建的五六千平方米建筑也是包括在内的。

圆明园创造的空前的府宅、园林设计融为一体的新设计模式，使得做设计的人都很希望知道具体的住宅中园林中的形制和布局，用直截了当的话来说就是，“房子是怎么样的啊？”圆明园有“40景”，但是其中很多和住宅没有直接关系，比如“方壶胜境”是一个寺庙，“海岳开襟”也是一个景观建筑，目的是呈现远眺时的美丽景象，自身并非主要是供居住使用的。现在最著名的西洋楼遗址，原来都是欧式建筑，比如文艺复兴末期巴洛克风格建筑：谐奇趣、蓄水楼、养雀笼、方外观、海晏堂和远瀛观，也都是景观建筑物，因此我更想找寻有关住宅部分的圆明园建筑群来看。

要看到当时这个最大的皇家府宅、殿堂、园林一体的建筑群，最完整的资料是乾隆年间宫廷画师沈源（1736—1795）、唐岱（1673—？）依据圆明园著名景群绘制的绢本彩色《四十景图》。

我有一个亲戚在颐和园管理委员会工作，听我说正在设法了解圆明园建筑，就送我一本精美的印刷品。他告诉我，原来这本精致的圆明园建筑和环境图册早在一百多年前就给联军抢走了，现在保存在法国一个博物馆里，管理委员会派出一个团去联系，取出原图，逐张拍照，才有了给我的这个画册里面的图。

这本画册真是精彩，我看了好长时间，并且做了笔记，对于圆明园的景观、府宅、亭台楼阁等基本情况有了了解。皇帝上朝那庄严雄伟的主殿“正大光明”殿，还有其中40个景点和府宅，比如“鱼跃鸢飞”的堂皇典雅，“天然图画”的深透清幽，“楼月开云”的精美豪华，还有幽深婉约的“万方安和”，蒲苇瑟瑟的“澹泊宁静”，端庄华贵的“方壶胜境”，落英缤纷的“武陵春色”，纯朴雅致的“北远山村”……这些精致的殿堂建筑外观，不像紫禁城那样艳红金黄，整体来看，圆明园所有的设计都走朴素雅致的路线，整个园林分布在山林之中，建筑设计尽量做到和环境协调，和谐统一。这一点是皇家园林中比较少见的。

乾隆在这圆明三园里住的地方很多，其中住得比较多的是圆明园旁长春园里的“含经堂”。这个建筑群整个面积达2.5万平方米，宫殿建筑、景点近30处。因为是皇帝的寝宫，因此设计、布局、景观上都走恢宏壮观一路，整个排水系统和地下供暖设施完善，堂内藻井饰以五彩金龙，腾云飞舞，相当气派。乾隆皇帝建长春园是打算归政后在此“颐养”，但建成之后却舍不得离开了，每年大部分时间都住在这里，处理日常事务也是乘船到一水之隔的“澹怀堂”，只有逢大事要事才去圆明园的“正大光明”殿。

我顺着这本图册逐个读下去，那些顶级的府宅就一个一个地呈现在我的眼前。圆明园内有住宅群，有书院，有寺庙，其中府宅顶级的是“九洲清晏”。这个巨大的府宅建于康熙年间（1722 年），位于圆明园大殿“正大光明殿”正北面，是帝后寝宫，也就是他们的住宅了。最近重新按照圆明园记录修建的“圆明新园”可以看到这个建筑群的布局，在后湖周围，有几个小岛围成一个贝壳图案。每个岛上都有精致的景观，其中最大的岛上建有“九洲清晏”殿。九洲是全国领土的象征，表示大清王室对国家的主宰。它由三进大殿组成，全是南向，第一进为圆明新园殿，中间为奉三无私殿，最北为九洲清晏殿。它是清朝皇帝及后妃在圆明园中的正式寝宫，也是皇帝日常读书、议事、举办家宴的重要场所，嘉庆、咸丰都出生于此。重建的新圆明园中的“九洲清晏”以五色海棠——锦带花为主题，由东、中、西三组院落组成，主要建筑有圆明园殿、奉三无私殿、九洲清晏殿、天地一家春，很热闹。

清晖阁是两层七间大殿，在康熙帝时就已建成。平时，皇帝与侍臣常在此吟诗作画。从雍正皇帝开始，这里是元宵节赏灯及举行小型宴会的场所。二楼是皇帝休息之处。因为宽敞明亮，乾隆皇帝非常喜欢在这里看书、赏景，称之为“御园第一避暑地”，曾挂有圆明园全景图。清晖阁前面原先种了 9 棵松树，和乾隆帝的年龄相同，长得郁郁葱葱。乾隆二十八年，九洲清晏失火，松树被烧，令乾隆非常伤心，多次在诗文中提及此事。

“池上居”是皇帝读书之处。乾隆帝一首诗中说“半亩方塘上，五间敞榭凉”，指的就是这座水榭。这里既可以赏景，又可以读书，曾是乾隆最喜欢的地方，每年夏天常常来此休息，当时四面墙上挂满了他的诗作。

如果说“九洲清晏”是很正式、很庄重的府宅群，那么圆明园中的“天然图画”则是融自然景于一体的休闲建筑。“天然图画”建筑群位于九洲景区后湖东岸，“镂月开云”之北。主体建筑是一座方楼，楼北为“朗吟阁”“竹薖楼”“五福堂”“竹深荷静”，西为“静知春事佳”，东为“苏堤春晓”。“朗吟阁”和“竹薖楼”临湖所建，登楼可远眺西山群岚，中观玉泉万寿塔影，近看后湖四岸风光，景象万千，宛如天然图画一般。“五福堂”中种有大株的玉兰，该株玉兰为圆明园初建时所植，乾隆童年时候常在花下游，视其为同庚。此树被称作“御园玉兰之祖”。乾隆五十一年，他已近 80，偶至堂前对花，多有感慨而成诗一首《五福堂玉兰花长歌志怀》，诗中说道：“御园中斯最古堂，其年与我相伯仲。清晖阁松及此花，当时庭际同植种。……忆昔少年花开时，乐群敬业相媲怡。”诗成后刻碑上，四周遍种花草。

在府宅中建造具有农村风光的景点本身就是一个很雅致的设计方法，圆明园内的“杏花春馆”就是这样一处。杏花春馆在雍正时期被称为“杏花村”，位于九洲景区西北，为该景区最高点，意仿昆仑山。康熙年称其为“菜圃”，占地 2.2 万 平方米，建筑面积 1 200 平方米。整个景群的建筑布局具随意性，矮屋疏篱，纸窗木榻。馆前的菜圃里根据不同的季节，种植有各类瓜果、蔬菜类，有着浓郁的田园风味。盛时的杏花春馆，一到春季，杏花烂漫，这时皇帝总要来到这里一边品尝美酒，一面欣赏杏花。这个府宅取唐朝诗人杜牧的诗歌《清明》中的意境建造，表达的是一种淳朴的田园情趣。

圆明园里面有一个很特别的住宅，园林结合的建筑群，叫作“万方安和”，是一处以卍字轩为主体的风景园林。建于雍正初年，旧称万字房，万方安和轩，造型独特，风景秀丽，四时皆宜择优居住。雍正帝特别喜欢在此园居住，乾隆时期仍是游憩寝宫之一，端午节例在此殿侍奉皇太后进宴。嘉庆帝亦曾题咏“万方安和”23 次。万字房四面临水，整个汉白玉建筑基座修建在水中，基座上建有 33 间东西南北室室曲折相连的殿宇。中间设皇帝宝座，宝座上方悬挂有雍正御书“万方安和”。西路为一室内戏台，此戏台设计得十分巧妙，唱戏者在西北殿而皇帝则坐在正西的殿内观戏，中间用水相隔。

万字房的东南为一临水码头，皇帝平时来万方安和一般是坐船直接到此码头上岸。万方安和对岸建有一座十字大亭俗称“十字亭”，十字亭顶还安设一个铜凤凰，周围栽种了许多珍贵的花卉、树木。

圆明园中还有一个府宅，叫作“长春仙馆”。位于“正大光明”殿之西，南邻园墙，四围山环水绕，是一处园中园式的建筑风景群。“长春仙馆”在雍正四年（1726年）建造，有殿门3间，正殿5间，四面环水，进出由木桥与其他景区相连接。岛由4个院落组成，其中东院为正院，是一个完整的小四合院，由倒座房、垂花门、东西厢房、正房组成。正房外檐下挂乾隆御书“长春仙馆”，这里自雍正七年起成为皇四子弘历的赐居之处。乾隆四十二年（1777）乾隆生母孝圣皇太后去世，这里便改成了佛堂，以表示乾隆对其母后的思念之情。道光中叶改建九洲清晏帝后寝宫区时，亦曾寝居于本景。这是御园第二处帝后寝宫区。长春仙馆西边为绿荫轩、丽景轩、春好轩，还建有御膳房、御茶房、御药房、太监值班房等。长春仙馆正北跨溪建有亭桥一座，名曰“鸣玉溪”。用现在的话来讲，这个府宅的配套相当完整，有住的、玩的、厨房餐厅一并俱全，连服务人员值班医务室和烧茶的地方都有单独建筑，可谓是一个精彩的大府宅。

在上面说到的这些府宅周边，有不少为了增添氛围的景点，都用建筑配套了起来。比如“茹古涵今”，现在总称“韶景轩”，位于“九洲清晏”西侧，东临后湖，建于乾隆四年（1739）前后，共有殿宇、房间、游廊、平台 39 座 148 间（游廊 73 间），重檐大亭一座，垂花门一座，随墙门五座。本景为皇帝冬季读书之地，装修较豪华。室内有楠木樘板，四面窗装饰有紫檀木窗框，楠木窗芯。该景盛时植有松柳，竹香斋前为竹林。四周宽敞清幽，一直是清朝皇帝与大臣谈古论今、吟诗作画的地方。“茹古涵今”藏书画也特别多。

“武陵春色”是“万方安和”这个大府宅配套的景点，是一处摹写陶渊明（365—427）《桃花源记》艺术意境的园中园。建于 1720 年（康熙五十九年）前，初名桃花坞。乾隆帝为皇子时，曾在此地居住读书。盛时此地山桃万株，东南部叠石成洞，可乘舟沿溪而上，穿越桃花洞，进入“世外桃源”，池北为五楹敞轩壶中日月长，东为天然佳妙，南为洞天日月多佳景，再过山口为桃花坞、桃源深处、绾春轩、品诗堂。

圆明园中采用回归农耕的景点不少，除了杏花春馆，还有澹泊宁静，在后湖水面以北，舍卫城西南。这座宫殿雍正 5 年

（1727 年）已建成，外形是汉字“田”的形状，四面均可欣赏风景，殿北面是一片水田，文源阁修好，北望文源阁，南面是平静的小湖，东面为一片松林，而向西可欣赏映水兰香景区。“田”意为耕地，农业是封建帝国的命脉，皇帝每年都要在这儿举行犁田仪式。澹泊宁静是帝后在西北部的一处主要的休息寝宫，殿内设有宝座，北面还安设有床。乾隆皇帝在西北部游览或在文源阁读书累了，很喜欢在此休息并进膳。在澹泊宁静东还建有翠扶楼，楼西有藤萝架与澹泊宁静对映成趣。

说了半天顶级豪宅，也都是望文生义，因为这些曾经的府宅和园林，早已付之一炬，现在看到的仅是废墟，重建的部分主要考虑公众游览，并非忠实的复原，也就罢了。

清代官府四合院
2017.3.

第十章

京城王府的尊贵与沧桑

如今，那些硕果仅存的大宅子，多半都是贵胄王府，特别是清代的众多亲王府，虽然不完整，但是也能够知道几百年以来京城最好的府宅是什么样子的。

我们在讲四合院的时候，说第一要素就是低调、不张扬，连门都侧面开，进去之后过了影壁，才是垂花门，过了那个门，才算进了这个四合院。王府、贵胄府宅则恰恰相反，目的就是要炫耀，大门必须从中间打开，门外影壁墙，两边往往还有“八”字形的两侧影壁，威风凛凛。亲王府总是三部分合成的：自由的园林部分、非常威严的办公部分、四合院型的住宅部分。外面用围墙包裹，自成一统。

要说的第一个自然是结构比较完整的礼亲王府。礼亲王府可以说是多重院、层层递进的府宅典范，也是园林在府宅中应用的典范。历史上换过好多个王府主人，因此也叫巽亲王府、康郡王府、康亲王府、定亲王府。

礼亲王府位于西黄城根南街7号、9号，是清朝康亲王杰书及其后裔的府第。该府始建于清朝顺治年间，为礼亲王代善之孙杰书择地兴建。杰书袭爵后，封号为康亲王，故该府最初称为"康亲王府"。乾隆四十三年（1778年），杰书的裔孙永恩复号为"礼亲王"，故该府亦改称"礼亲王府"。

规模雄伟，占地宽广，重门叠户，院落深邃是礼王府的一大特点。王府分三路，中路有正门、二道门、银安殿、穿堂门、神殿、后罩楼等；西路通向花园，亭台楼阁错落有致，设计得十分巧妙；东路通向王爷和其家人休息的房间。

北京有句老话说的是"礼王府房，豫王府墙"，就是说礼王府的房子多，豫王府的院墙高。由此不难看出礼王府的规格，在北京诸多王府里面的等级之高。礼王府南起大酱房胡同，北至颁赏胡同，占地约30公顷（1公顷≈1万平方米）。这个王府本来早已经破败不堪，抗战期间，华北学院拿这里当学生宿舍用，中华人民共和国成立后民政部又搬到这里，成了办公场所，现为国务院机关事务管理局使用。据说中路主体建筑大多保存较好，东路北部有几个院落尚存，西路大部分建筑已拆除，总体保存尚好。

后殿的特殊规则是礼亲王府的特点。一般清朝王府均以后殿作为后寝门，二者合并。但礼亲王府设有专门的后殿，殿前东、西还各有五间配楼。此为北京清朝王府中的孤例。

还有一个现在不完整的郑亲王府（简亲王府），也是很值得看看的。郑亲王府位于西城区大木仓胡同35号，是郑亲王爱新觉罗·济尔哈朗（1599—1655）及其后裔的府第。郑亲王济尔哈朗是清太祖努尔哈赤（1559—1626）之侄，为清朝初年的“铁帽子王”之一。济尔哈朗逝世后，其次子济度袭爵，改封“简亲王”，乾隆四十三年（1778年），乾隆帝将济尔哈朗子孙世袭的“简亲王”封号恢复成“郑亲王”。

据说，在明朝时，如今的郑亲王府所在地是明朝著名的“和尚军事”姚广孝的府宅。顺治年间，济尔哈朗在此地建府。因力求王府建筑宏丽，从而超越了王府的规制。该府殿基逾制，又擅用铜狮、龟、鹤，故济尔哈朗于顺治四年（1647年）遭弹劾后罢官，并且罚款两千两白银。《钦定大清会典事例·工部·第宅》载，“顺治初年定王府营建悉遵之制，如基址过高或多盖房屋皆治以罪。四年，郑亲王建造王府，殿基逾制，又擅用铜狮、龟、鹤，罚银两千两，并罢议政。”

清朝时，郑亲王府东为郑王府夹道（今大木仓北一巷），西为二龙坑（今称二龙路，实际该府西到今大木仓北二巷），府后为劈柴胡同（今辟才胡同），全部面积80多亩，房屋900余间，是清朝北京四大王府之一。该府也分为东路、中路、西路，其中东路前端突出，为整个王府的主要部分。东路主要建筑有：

正门，面阔三间，绿琉璃瓦顶，硬山式。门外两侧有一对石狮子，故该门前的院落通称“狮子院”。这对石狮置于院内中间，总高各3米，雕于清朝初年。如今该门挂着“中国教育发展基金会”的牌子，门前立有北京市文物保护单位“郑王府”的石碑。

进了大宫门，是一圈围房，全是灰瓦顶。从正门两侧向东西延伸，折向北。

郑亲王府的银安殿面阔五间，绿琉璃瓦歇山顶，殿前正中台阶有汉白玉丹陛石。这里面有东西配楼，银安殿前东西两侧翼就是这两个配楼，楼面阔五间。东配楼五间俱存，西配楼仅存靠北的三间。后寝门是一个垂花门，在逸仙堂前。这逸仙堂是因为纪念孙中山叫的，原来就是一个后寝，还挺宽敞的，面阔七间。据说原来还有一个后罩楼，也是面阔七间。后来拆除了。

郑亲王府中路、西路随大木仓胡同的街势而向北退缩，中路有另一院落，中路的一部分及西路为花园的范围。花园称“惠园”。如今，中路及西路建筑基本毁灭，花园的主要部分为北京市二龙路中学所占据，我进去过这个中学，却发现里面基本面目全非，很难想象这里曾经是王府的花园。中路及东路则被教育部办公用。

王府之中，名气最大的当算恭亲王府，位于西城区前海西街

17 号，是清朝后期恭亲王奕䜣（1833—1898）的府邸及花园，现在是全国重点文物保护单位。恭王府花园在 20 世纪 90 年代作为旅游景点对外开放，而恭王府主体建筑也在 2008 年北京奥运会举办时修缮完毕，并向公众开放。这个是我们大家真正可以去参观的王府了。好多年前我曾经去过一次，那时那里还是中国音乐学院的校舍。后来奥运会举办，国家决心收回重新修理，才有了现在的恭王府。

恭王府及花园原是固伦和孝公主（1775—1823）及和珅（钮祜禄氏，原名善保，1750—1799）作为二品户部侍郎邸的规制基础上，花 6 年增建的公主府，相当于郡王府规制。西路建筑是大臣和珅的府邸，以一品大员建造，嘉庆四年（1799 年）正月，和珅被赐死，4 月“和珅之宅，赏给庆郡王永璘居住；和珅之园，赏给成亲王永瑆居住”。咸丰元年后由于庆亲王的孙子奕劻（1838—1917）世袭降低为辅国将军，换至得定府大街原大学士琦善宅，原王府由内务府收回，后于咸丰年间赐予奕䜣作为府邸，称为恭王府。1921 年，恭亲王奕䜣的孙子溥伟、溥儒（溥心畬，1896—1963）将恭王府和花园抵押给天主教会，后由辅仁大学买去作为校舍，后又成为北京师范大学、中国音乐学院的校舍。恭王府建筑曾部分为北京空调机厂占用，20 世纪 80 年代腾退。

恭王府由府邸和花园两部分组成，南北长约 330 米，东西宽

180 余米，占地面积约 61 120 平方米，其中府邸占地 32 260 平方米，花园占地 28 860 平方米。恭王府王府在南，花园在北，由高高的后罩楼将王府与花园分开。恭王府分中东西三路，分别由多个四合院组成，后为长 160 米的二层后罩楼。

恭王府花园也分为三路。中路是西洋门、独乐峰、蝠池、安善堂及左右配殿明道堂，棣华轩、福字碑、邀月台、蝠厅；东路是怡神所垂花门、大戏楼、芭蕉院；西路是湖心亭、澄怀撷秀。此外还有龙王庙、榆关、妙香亭、流杯亭、艺蔬圃。

庆亲王府现存两座。一座位于北京市西城区定阜街 3 号，另一座在天津，位于和平区重庆道（原天津英租界剑桥道）55 号。是中国唯一以西式洋房为宅邸的王府。

北京的庆亲王府在定阜街以北，德胜门内大街以东，松树街以西，延年胡同以南，占地呈长方形。南侧的院墙上设有一座随墙门，卷棚顶，门簪四个，目前为铸铁铁艺大门。进门之后，迎面有一座影壁。如今东侧还有一门，主要供车辆出入。庆王府坐北朝南，自西向东分为五套并排的院落，大小楼房近千间。在五套院落中，奕劻原来就住在靠西的两套院落。主体殿堂在东部，屋面为灰筒瓦，而非琉璃瓦。东部和中部建筑大部分已不存在，仅留后寝一座。

西部是王府主要的生活居住区，建筑基本保存完整，有三组院落，各有大门出入。原来各个厅堂均有名称，门上各悬匾额，比如奕劻居住的“宜春堂”、作为客厅的“契兰斋”、载振居住的“乐有余堂”（载振为此常署名“乐有余堂主人”）等。清朝以后，这些匾额全部遗失。西部最后面是一座两层小楼，俗称“绣楼”或“梳妆楼”，至今保存完好。该绣楼呈倒“凹”字形，中间围成一个三合院，建有一座小平房，房顶设有女儿墙，可眺望二楼，该绣楼雕镂彩绘细腻精致，形制设计新颖独特。该绣楼是奕劻为其格格们所建，融合了西洋风格，造型十分独特。

靠西墙的是后园，园内旧有一座戏楼，楼为两层，面积约 1 300 平方米，能容纳约三四百人。奕劻每逢生日或喜庆，均大摆宴席演戏三天。京剧演员谭鑫培、王瑶卿、陈德霖、杨小楼、王凤卿等都曾到府唱过戏。据载振之子溥铨称，载振五十大寿时，曾经邀请众多亲友在该戏楼设宴庆寿，并招来“贵胄班”在该戏楼唱京剧。据说“文革”期间，在这里演出“红灯记”时，后台的人吸烟，居然把戏台烧毁了。

醇亲王府（成亲王府）也在西城区的后海。醇亲王府原在今复兴门南的原太平湖旧址，也称“南府”或“太平湖醇亲王府”。因光绪帝出生于此，故称为“潜龙邸”。光绪帝登基后，清廷遂在后海给醇亲王安置了一个新的醇亲王府，也称“北府”或“后海醇亲王府”。

北府现存建筑主要有府邸、花园、马号。府邸在中间，位于北京市西城区后海北沿 44 号；花园在西侧，位于后海北沿 46 号；马号在东侧，位于后海北沿 43 号。花园今为宋庆龄故居，属全国重点文物保护单位。府邸则一直被原卫生部办公使用。2000 年，原卫生部迁往新的办公大楼，醇亲王府花园及东路建筑修复。2003 年，北府中路主体建筑修缮完成。此次修缮的为中路五套院，包括府门、宫门、银安殿、小宫门、神殿、遗念殿等。醇亲王府北府此次修缮工程仅用近半年时间，本来以为可以开发给大家看看了，没想到府邸随即成为国家宗教事务局办公地点，宫门成了外宾接待大厅，银安殿成了会议大厅。

淳亲王府（淳郡王府）在东城区东长安街 14 号院内，是淳亲王允佑（胤佑，1680—1730）及其后人的府第。这个王府有点儿特别，是因为早年的这座亲王府，后来给英国人拿了做大使馆用，因此在中国式的四合院布局、园林布局上添加了西洋新古典风格的楼，不仅在北京，在国内也属于罕见的一类。1949 年后，该处建筑曾归英国驻华代办处使用。之后，英国驻华的大使馆也搬走了，这里就归了公安部。2001 年，又作为“东交民巷使馆建筑群”的一部分，被列为第五批全国重点文物保护单位。

淳亲王府坐北朝南，街门向东面临御河（今正义路），该街门为西洋式，是英国驻华使馆时期兴建的。亲王府建筑分为东、中、西三路，格局和东单北极阁的宁郡王府很相似。中路为主要建筑，是宫殿式绿琉璃瓦顶建筑，分前殿、后寝两个院落。自南向北依次递进，先是仪门，面阔五间，带前后廊、歇山顶、中启三门，檐下五踩重昂斗栱。再进去就是作为正殿的银安殿，面阔五间，周围廊，绿琉璃瓦歇山顶，檐下单翘重昂七踩斗栱。殿内为井口天花，中绘团龙。银安殿前有月台，有甬道同仪门相连。原先在正殿之后还有后殿五间，现已无存。在银安殿前左右两侧有东、西翼楼，二层高，面阔五间，带前廊，硬山顶。银安殿以北是二门，和银安殿之间有月台连接，面阔三间，歇山顶，左右各带顺山房三间。后寝面阔七间，殿前两侧有配殿。位于后寝前左右两侧也有东西配殿，位于后寝以北原来有后罩楼，面阔七间，现已无存。

英国人把这亲王府做大使馆之后，有一些建筑也是尽量仿中国古典式楼房做的。比如在二门的东顺山房以东，有一座二层砖木结构楼房，采用了中国传统式屋顶，檐下五踩重昂斗栱。该楼就是英国驻华使馆时期所建的官邸。后来英国人也做了一批就是所谓英式的楼，其中一所很典型的是在原公安部的 6 号楼。该楼建于 1903 年，欧式风格，两层，长 74.6 米，宽约 17.4 米，高 15.95 米，总建筑面积约 1 800 平方米，已于 21 世纪初向东南方向平移，到达公安部 5 号楼以北。西路原为花园，今存改建的四合院一所，以及英国驻华使馆占用时期添建的英式楼房（公安部5号楼）。这个亲王府还保留得算比较好的了。中西混合，其实是很有趣的建筑。

西城区府右街137号的仪亲王府是爱新觉罗·永璇（1746—1832）及其后人的府第。永璇是乾隆帝的第八子，乾隆四十四年（1779年）获封仪郡王，嘉庆四年（1799年）晋封仪亲王，道光十二年（1832年）逝世。其长子绵志袭封仪郡王。故该府也称“仪郡王府”。永璇后人逐代降爵，到第五代毓祺于光绪二十八年（1902年）袭封镇国公。该府于乾隆四十四年（1779年）在靖南王耿仲明宅的基础上改建而成，耿仲明之孙耿精忠因参与“三藩之乱”而于康熙二十年（1682年）被处死，宅邸被查没。后该宅被赐给永璇。位于府右街西南的一处梯形院落为主要建筑，该院落南宽北窄，东部随灰厂街（府右街）的走势而呈斜线，西到荷包巷，大门在东南角，自大门到后罩楼共有五进院落。永璇按照王府规制进行改建时，将荷包巷以西的地盘扩进府内，并修建了庭园。今府右街以西，西长安街以北，西到电报大楼所在地，北到北安里附近，皆属该府的范围。

该府坐北朝南，东为府邸，西为花园。其中，花园早已被拆除。该府大部分建筑已拆除，仅存东部的二进四合院、一段府邸隔墙和阁楼，由中共中央宣传部管理使用。今北京市文化局院内残存的游廊和楼阁一般被认为是仪亲王府花园的遗存。

有些王府早早就改得面目全非，比如和亲王府，清朝末年就改作公用了，曾经是清陆军部和海军部。在北京的东城区平安大街北侧张自忠路（原铁狮子胡同）3号，此处东部原为康熙帝九子允禟的府第。允禟于雍正四年（1726年）被禁锢致死。雍正十一年（1733年）雍正帝赐允禟宅第于五子弘昼，为和亲王府；西部原为顺治帝五子常宁的恭亲王府，直至清末传至其后裔镇国公承熙居住，称承公府。

1901年，清廷成立陆军部，光绪三十二年（1906年）将原建筑全部拆除后，兴建了东西两组西式砖木结构建筑群，西为陆军部，东为陆军部所属之贵胄学堂。宣统二年（1910年）成立海军部，撤销贵胄学堂，其地归海军部使用。“中华民国”成立后，袁世凯在1912年将总统府和国务院设于此。1924年作为段祺瑞执政府。1926年3月18日，学生在执政府大门前请愿时与军警发生冲突，死亡多人，即著名的“三·一八”惨案。1928年后，这里改为北平卫戍区司令部。1937年，日军侵占北平，西院、东院分别由日本华北驻军总司令部和特务机关“兴亚院”使用。抗战胜利后，国民政府接管，改为十一战区长官司令部、国民党北平警备司令部等。1949年后用作中国人民大学校舍。1978年起，西院主楼属人民大学清史研究所，后配楼仍为宿舍；东院楼群则划归中国社会科学院。

去这里看到的是清朝陆军部和海军部的楼，青砖仿西式的大楼，还是很好看的。

第三部分

现代建筑

当代新中式住宅探索
王受之. 2017.

王受之. 2017.3

第十一章

美龄“宫花寂寞红”

前面讲了北京院落、大宅类型，也讲了庭院住宅在江南、在皖南的发展，现在要谈谈中华人民共和国成立后我们在中式现代建筑方面做了什么样的探索。

事实上，自从现代建筑引入中国，建筑界一直有人在探索如何把中国传统建筑和现代结构结合起来。现代建筑的功能、体量、结构都是现代的，要符合具体的经济情况，而古典建筑产生的背景、文化和现代差异太大，因此无论如何精心的复古、仿古，结果都不可能是理想的，那么怎么才能够产生一种既具有现代功能、符合现代经济，又和地域文化、传统文明有所关联的建筑形式来呢？这个问题不仅仅是中国当代建筑界的困惑，在西方建筑界，也是一个长期以来的议题。

用现代建筑结构，加上传统的符号，走民族复古建筑道路，在中国是曾经多次被尝试的，我们权且可以称之为“新中式探索”。我最早意识到新中式探索是在2000年。当时，我去南京大学参加建筑研究所开幕的活动，抽时间去大学图书馆、文史馆看了一系列20世纪二三十年代第一代现代建筑家的研究，看到了那个时期完成的一系列很有特点的新中式建筑。这说明，新中式探索从20世纪20年代开始，就已经初有成果了，起点就是南京。

南京自古繁华鼎盛，物阜民丰，虎踞龙盘，绿水青山，这样优异的自然条件和人文沉淀，使得南京是历代帝王、众多名人雅士向往的地方。中国人信奉风水，无论定都还是安宅，大家都相信地脉、地气，如是风水宝地自能使霸业千秋，安居乐业，子孙繁衍。南京是中国按风水格局建造的为数不多的城市之一。例如，你在南京的地名中可以看到玄武，也可以看到朱雀（此地名已改），左青龙（龙蟠路），右白虎（虎踞路）。这种格局，哪怕是北京城也没有。从风水格局上讲，南京的优势是无可比拟的。

我最早去南京，是在20世纪60年代，当时我在武汉上学，偶然有机会去上海。从武汉去上海要坐两天两夜的轮船，到达下关码头的时候是凌晨时分，广播说到南京，停船两个小时。我走到前甲板上眺望，远远看见江边的雾霾中慢慢出现一座庞大的山体，山体中间环抱着南京城。那个印象很深刻，才体会到何谓“钟山风雨”和“虎踞龙盘”。

20世纪70年代，因为工作原因，我又一次来到南京。当时我起了个大早，天没亮就一个人去登钟山，看日出。太阳喷薄而出之前，霞光万道，紫气云蒸，我突然想起那时候刚刚读过一本明朝诗文家张岱（1597—1679）的散文集《陶庵梦忆》（1994年，作家出版社），里面说形容钟山形胜："钟山上有云气，浮浮冉冉，红紫间之，人言王气，龙蜕藏焉。"都说皇城有紫气，那是我第一次亲自看见。

南京地势显要，历史上有10个王朝在此建都，因此有"十朝都会"之称。1928年前后，北伐结束，国民政府迁都南京，开始考虑如何建设一个新的首都、新的城市。

南京当时的建设面临的情况很特殊，它是古都，是一座历史悠久的名城，因此有许多历史积淀要保护，而在民国建筑出现之前，欧美流行的西方古典建筑与折中主义建筑形式已经传入南京。因此，新的南京建筑，一方面需要和传统中国建筑有关系（古城，遗址多），另一方面需要和当时流行的欧洲新古典建筑，甚至刚刚在欧美兴起的现代建筑也融合。

当时政府提倡在公共建筑上走民族传统形式的设计方向，当时是把新中式作为行政主导推动的很特殊的时期。我看见正式提倡这个风格的文字，是当时政府的一个文件，这是在1929年制订的《首都计划》（参见：董佳《民国首都南京的营造政治与现代想象》，江苏人民出版社，2014），其中明确指出"中国固有之形式为最宜，而公署及公共建筑尤当尽量采用”。建设这个都城，必须用现代建筑，但是公共建筑中提倡探索中国“固有形式”。这种特殊需求，不但打破了由洋行和外国建筑师垄断南京建筑业的局面，而且为设计、建造民国建筑和探索、创造中国建筑的新民族形式积聚了技术力量，使得南京居然成为新中式开端的一个重要的平台。

南京现存这个时期新中式建筑的数量相当庞大，具体有多少个，说法不一。仅仅就公共建筑（包括政府建筑）来算，大多数人认为现存的还有 154 处民国建筑。就其造型而言，大致可分为：采用新结构、新技术建造的中国宫殿式建筑，中西合璧的新民族形式建筑，西方现代派建筑三大类。我个人认为第二类可以和西方把某些传统风格和现代建筑结合而发展起来的 Art Deco 风格联系起来，称之为“南京 Art Deco”或者“民国 Art Deco”。

第一类：采用新结构、新技术建造的中国宫殿式建筑。这类建筑的主要特征是运用西方现代技术来表现中国传统的建筑形式。这是中外建筑师力图建造既能保持中国宫殿式建筑的外貌，又能克服传统建筑耗工费料和现代功能不足等弊端而进行的尝试。这类建筑最典型的作品是中山陵，这是中国建筑师第一次规划设计成功的大型建筑组群，是中国近代建筑史上不朽的杰作。中山陵的建成对后世产生了深远的影响，以此为起点，当时的首都南京和全国许多城市都出现了一批旨在弘扬中华民族建筑文化的民族形式建筑。

1925 年 3 月 12 日，孙中山在北京逝世。同年 5 月，总理丧事筹备委员会向海内外悬奖征集中山陵墓设计图案，国内外的建筑师和美术家纷纷报名应征。一位名叫吕彦直的青年建筑师也提交了自己的设计方案，虽然没有什么名气，但他对自己的才学满怀信心，没想到竟然在 40 多种设计方案评选中，一逾群雄，获得了首奖。

吕彦直（1894—1929）应该是对中国早期民族现代化建筑影响最大的一位建筑家了。他是山东东平县东平镇护驾村人，1894 年生于天津，幼年丧父。1902 年，吕彦直曾随其姐居巴黎数年，常参观罗浮宫博物馆，喜爱绘画和雕塑艺术。回国后，他在北京五城学堂习国文，又在清华学堂留美预备部求学。1913 年，吕彦直由北京政府派赴美国康奈尔大学攻读建筑工程，先入电机系，后转入建筑系，毕业后担任美国著名建筑师亨利·墨菲的助手。墨菲曾在 20 世纪上半叶在中国设计了雅礼大学、清华大学、福建协和大学、金陵女子大学和燕京大学等多所重要大学的校园，其民族形式和现代建筑结合的思维和手法，对吕彦直影响很大。在墨菲的工作室，吕彦直担负北京燕京大学和南京金陵大学的建筑工程设计，用中国传统风格设计现代建筑，其才华初显。1921 年回国后，吕彦直先在过养默、黄锡林开设的上海东南建筑公司任职，参与过上海银行公会等大型建筑工程的设计，后独立创办彦记建筑事务所。他的建筑设计多为小巧、舒适和花园式洋房，但也研究中国古典式建筑，并努力融合中西建筑艺术的精华，取得了很好的成果。

吕彦直设计中山陵图案，融汇中国古代建筑与西方建筑的精神，庄严简朴、别创新格。在南京东郊的紫金山中茅山南坡，中山陵依山而建，墓道和392级石台阶把石牌坊、陵门、碑亭、广场、华表、祭堂、陵寝等建筑物有序地串联在了同一条轴线上。四面苍松翠柏环抱，八方云霞紫气聚来。从平面图上看，中山陵园就像一口安放在中华大地上的巨大警钟，寓含孙中山先生“唤起民众”之意，因而受到评选者的一致推崇。

中山陵是“民国以来第一次有价值之纪念建筑物”。吕彦直曾说：“公共建筑，为吾民建设精神之主要的表示，必当采取中国特有之建筑式，加以详密之研究，以艺术思想设图案，用科学原理行构造。”中山陵的设计和建造，完全体现了吕彦直的这一重要的建筑思想——陵门、碑亭、祭堂，台阶的毛坯以及墓室的地下、地面建筑，都是用钢筋混凝土构造的；屋面、牌匾、斗拱、梁柱这些“木构件”，也是用钢筋混凝土塑造的；陵门和祭堂上的“木质”隔扇门，是用紫铜铸造的。这既是一座纯中国式的陵墓，又区别于以往所有中国的封建帝王陵墓。从颜色上看，吕彦直选用

二〇一七年三月
中山纪念堂
吕彦直设计

孙中山手创共和的国旗蓝色为主色，以蓝色的琉璃瓦顶，取代皇帝专用的黄色琉璃瓦顶。从使用功能上看，他以祭奠活动的公共性，取代了以往皇家祭奠活动的私人性。宽阔的广场，宽阔的墓道，宽阔的台阶，全部都是为适应大型公共祭奠活动的需要而设计的。这个建筑群就是我们用现在的审美来看，依然是一个精品。

在南京中山陵墓的建筑工程进入高潮之际，吕彦直又承担了广州越秀山中山纪念堂和中山纪念碑的建筑设计工作，他奔波南北，病魔缠身。1928 年初，吕彦直被确诊患有肝癌。他忍着病痛，不分昼夜推理演算，以顽强的毅力设计出中山纪念堂的建筑详图，并主持了工程建筑事务。就在工程临近尾声时，1929 年 3 月 18 日吕彦直在上海逝世。

值得一提的是，吕彦直的未婚妻是严复的二女儿严璆。确诊肝癌后，吕彦直请她另做打算，不要再等自己，然而严二小姐不为所动。吕彦直病逝后，远在北京的严璆悲痛欲绝。不久，28 岁的严璆在北京西郊出家，削发为尼，法名秋妙。1950 至 1951 年间，秋妙经香港辗转去了台湾，终生未嫁，香消海峡彼岸。

鉴于吕彦直对建造孙中山陵墓的杰出贡献，在他逝世后，南京国民政府曾明令全国，予以褒奖，中山陵祭堂的西南角立一纪念碑，上部为吕彦直半身遗像，下部刻有于右任题词：“吕彦直建筑师建筑陵宫积劳病故，特此纪念。”

以吕彦直为代表的中国那一代建筑师大部分都是如此，他们从国外学成归来以后，并没有完全照搬西方的建筑设计，也没有完全局限在中国的传统设计里，而是将二者有机地结合起来，并加以新的创造。这一时期另外一个比较优秀的作品是南京主席公邸，因为位于中山陵园区小红山，是蒋介石应宋美龄的要求而建造的，又称“小红山官邸”或者“美龄宫”。

深秋时节，俯瞰南京东郊中山陵一带，会发现紫金山群山之间有一条金色的“项链”，那是通往美龄宫的环山公路。项链正中“镶嵌”的就是美龄宫，绿色琉璃瓦屋顶在阳光下如同一颗绿宝石坠子。

因为“中国固有形式”几乎是官方钦定的唯一正宗建筑风格，美龄宫整体风格也定为古代宫殿式，主体建筑有地面三层和地下室一层。地面第一层是接待室、衣帽间、秘书办公室及卧室、厨房、洗衣室等；第二层是会客室和休息室，还有大厅、客厅、大饭厅等接待场所。通过大厅，可以到达一个“凸”字形平台，平台四周是雕凤栏杆，在这里可以露天而坐，饮茶观景。第三层是主人的私密生活空间，包含几间卧室和客厅，客厅后改为做礼拜专用的凯歌堂。地下室供秘书和职员使用。

美龄宫的建筑设计处处体现着对女主人的敬爱：环绕琉璃瓦房檐有 1000 多个勾头滴水，每个都雕有一只凤凰，南侧平台以花瓷砖铺地，周围立有 34 根清式雕凤汉白玉栏杆，室内铺的紫红色地毯也是宋美龄钟爱的颜色。作为女主人，宋美龄对美龄宫很重视，不时提出指导和修改意见。据侍卫汪日章回忆，仅前室内装饰、浴室颜色就进行了多次变换拆建，阳台也修整好几次。屋内的几间卧室、大小餐厅、两间办公室以及其他众多的大小房间的设计布置方案，无一不是由宋美龄逐个审查鉴定。有些已经决定实施，又加以改变，如浴室瓷砖先是铺成绿黄间色后又改为一律淡蓝色，复将花样装饰一概废去改成单色平面。

当时，主体建筑预算 24 万元，实际花费则高达 36 万元，不可不谓天价豪宅。这个建筑物是具有中国传统形式的现代豪宅的创建作品之一，对日后的同类作品有相当的影响意义。

美龄宫建成后，宋美龄曾在此多次举办宴会，其居住和生活方式也引领了民国时期的风潮。著名作家白先勇小时候，就曾和母亲一起参加过美龄宫的圣诞节派对。客厅挤满了大人与小孩，到处大红大绿，金银纷飞，全是圣诞节的喜色。“蒋夫人与母亲她们都是民初短袄长裙的打扮，可是蒋夫人宋美龄穿上那一套黑缎子绣醉红海棠花的衣裙就是要比别人好看，因为她一举一动透露出来的雍容华贵，世人不及。”改革开放后，白先勇来访大陆，重回美龄宫。他总觉得周围环境似曾相识，恍然如梦，这才想起童年时曾经来过。遥想当年，白先勇不禁感慨：“那一堂厚重的绿绒沙发仍旧是从前的摆设，可是主人不在，整座‘美龄宫’都让人感到一份人去楼空的静悄，散着一股‘宫花寂寞红’的寥落。”

属于第一类型的公共建筑还有当时建造的“中央博物院”，这是一座钢筋混凝土结构，仿辽代四阿式屋顶造型，上覆紫红色琉璃瓦，气势宏大的公共建筑。瓦当、鸱尾等构件均经过考证后加以制作，一切做法都参照宋代法式。它是在满足新功能要求下采用新材料、新结构建造的仿古化建筑的著名实例。

中国近代建筑师中的一些有识之士看到传统建筑形式与现代技术、现代功能结合的矛盾，并且也考虑到宫殿式建筑造价的昂贵，于是大胆探索了新民族形式的建筑。这类建筑一般采用现代建筑的平面组合与体形构图，多半用钢筋混凝土平屋顶，或用现代屋架的坡屋顶，在檐口、墙面、门窗及入口部分则重点施以中国传统构件装饰和花纹图案。在室内亦采用传统装饰，有时还应用传统的平天花做法和彩画，等等。当时也有人称之为“现代化民族形式建筑”。

这类建筑的主要特点是摒弃了中国传统的大屋顶而采用钢筋混凝土平屋顶或现代屋架两坡屋顶，平面组合与体形构图一般用西方现代建筑形式，在细节处理上保持中国传统建筑的风格。它已突破了对传统建筑的模仿，进入了创造的领域。较好地解决了传统建筑形式与现代技术、功能的矛盾，降低了建筑造价。

最典型的例子是外交部大楼。这座既具有中国民族形式，又具有现代技术与功能的中西合璧的钢筋混凝土结构四层大楼，于 1932 年由赵深（1898—1978）、陈植（1899—1989）、童寯（1900—1983）合作设计。这一设计方案曾以“经济、实用又具有中国固有形式”的特点击败了全国著名建筑事务所——基泰工程司的宫殿式建筑方案而夺标。该建筑于 1934 年 6 月建成，至今仍不失为中国近代建筑史上的主要范例。在今中山北路 32 号，为省人大常委会办公楼。

中山陵音乐台也是这类作品的优秀代表，整座建筑占地 4000 平方米，总平面为半圆形。音乐台的主体建筑是具有中国民族风格的舞台，舞台前设有荷花池和石阶，舞台后照壁底座为须弥座，照壁顶部采用云纹图案。利用天然坡地修建的扇形观众席则采用西方现代露天剧场的设计手法，运用大片草坪，并在观众席后用钢筋混凝土花架连成游廊。整个设计融汇中西建筑手法，至今仍被建筑界誉为建筑中的精品。该建筑由基泰工程司关颂声、杨廷宝设计，1932 年建成。

中央医院主楼也属此类建筑，这座大楼在西方建筑构图的基础上装饰梁枋、霸王拳、线脚、滴水等传统的细部与花纹。整个建筑既具有西方现代建筑的技术和功能，又呈现出新颖、稳重的民族风格，不失为近代建筑的重要范例。中央医院于 1931 年由基泰工程司设计，1933 年建成，位于今中山东路 303 号原南京军区总医院内。

这类建筑较为典型的由华盖建筑师事务所设计的金城银行别墅，采用江南园林建筑的卷棚歇山式屋顶，而墙面与门窗则采用现代构图形式，室内设计亦相当现代化，整个设计别开生面，造型活泼，是探索西方现代建筑手法与中国传统风格相结合的一种积极尝试。

第三类是纯粹的西方现代建筑，这类作品在住宅、别墅建筑中非常多见。这是因为在住宅的发展中，不规定某个风格发展导向，因此导致了南京的高级住宅中很多都是走西方住宅的形式，或西方传统形式，或西方 Art Deco 形式，或者西方现代主义形式。

就南京来说，1928 年前后的这个时期可以说是中国建筑发展的时期，上海的西方商业、住宅建筑与南京的中西合璧建筑互相辉映，引人注目。从广义上来看，这一波的新中式建筑风气兴起，更准确地说是一种文化、社会、思想风潮的涌现。北伐之后、抗战之前的这 10 年，华北以南这片地区相对来讲比较稳定，经济、文化、思想、艺术、建筑都稳健发展，而南京当时是集大成的中心，政治、经济、文化、教育的精英分子都聚集在这个城市，他们的要求、他们的品位、他们的理想在城市规划和建筑上自然应有所体现。具体到建筑上，对现代建筑、对中式建筑的双重期望，形成特殊的建筑需要，第一波新中式建筑风滥觞于此，是特殊时期的特殊现象。

早年参与设计新中式建筑的设计师，我们一般称之为“第一代”：吕彦直、关颂声（1892—1960）、庄俊（1888—1990）、梁思成（1901—1972）、杨廷宝（1901—1982）、刘敦桢（1897—1968）、赵深、陈植、童寯、范文照（1893—1979）、董大酉（1899—1975）、李惠伯（1909—？）、徐敬直（1906—1983）这一批人对“固有形式”、初期新中式建筑设计的发展起到了重要的推动作用。

在这个时期，不少在华从事设计的外国建筑师也都开始探索如何把中国建筑形式和现代构造、现代空间、现代功能结合起来。我查到的资料中有记载：1917 年至 1923 年间，美国芝加哥的珀金斯与汉密尔顿建筑师事务所（Perkins Fellows & Hamilton Architects）的负责人帕金斯（Dwight Heald Perkins，1867—1941）、司马和（A. G. Small）曾经先后 8 次来华研究、考察中国民族形式建筑。由美国洛克菲勒基金会投资兴建的北京协和医院大楼、燕京大学校园（现在北京大学的一部分）、广州岭南大学校园建筑等，都是在20世纪20年代设计的。其中协和医院大楼的整个设计工作是在美国完成的，这些建筑的完工，令中国建筑师走民族现代化道路的决心更加坚定。

可惜日军入侵，南京沦陷，新中式建筑设计的探索不得不告一段落。抗战胜利以后，政府回迁南京，也曾有过一个短暂的民族化建筑时期。到1949年中华人民共和国成立，这个工作就基本停止了。

新中式建筑的探索
2017.

第十二章
第二浪潮

这几年南京大发展，住宅建筑非常多，其中重新用“固定形式”“新中式”来打造的不少。这种兴起，除了建筑风格本身，文化、历史给人们留下的印象也是一个重要的推动元素。

大概在2005年前后，我曾经到南京参与过一个涉及江宁区规划的项目论证。晚上和几个朋友走到夫子庙和秦淮河，发现那里已经彻底被改造成一个旅游区了，建筑一律是新建的白墙黛瓦，少了秦淮风月里杂乱无章的柔情，多了几分旅游产业的霸气，并不那么吸引人了。我从朦胧月色笼罩着的乌衣巷走出来，走到秦淮河边，看见画舫点点，人声喧哗，想起偶然在香港书店中看见有史景迁（Jonathan D. Spence）的晚近之作《前朝梦忆：张岱的浮华与苍凉》（Return to Dragon Mountain: Memories of a Late Ming Man，温洽溢译，台湾时报出版社）。谈到张岱在秦淮河温柔乡中的周旋，史景迁写道：“张岱的居处前有广场，入夜月出之后，灯笼也亮起，令他深觉住在此处真‘无虚日’，‘便寓、便交际、便淫冶’。身处如是繁华世界，实在不值得把花费挂在心上。张岱饱览美景，纵情弦歌，画船往来如织，周折于南京城内，箫鼓之音悠扬远传。露台精雕细琢，若是浴罢则坐在竹帘纱幔之后，身上散发出茉莉的香气，盈溢夏日风中。”

张岱《陶庵梦忆》，卷四中有《秦淮河房》一则，绘当时盛况：“秦淮河房，便寓、便交际、便淫冶，房值甚贵而寓之者无虚日。画船箫鼓，去去来来，周折其间。河房之外，家有露台，朱栏绮疏，竹帘纱幔。夏月浴罢，露台杂坐，两岸水楼中，茉莉风起动儿女香甚。女客团扇轻纨，缓鬓倾髻，软媚着人。年年端午，京城仕女填溢，竞看灯船。好事者集小篷船百什艇，篷上挂羊角灯如联珠。船首尾相衔，有连至十余艇者。船如烛龙火蜃，屈曲连蜷，蟠委旋折，水火激射。舟中镦钹星铙，宴歌弦管，腾腾如沸。仕女凭栏轰笑，声光凌乱，耳目不能自主。午夜，曲倦灯残，星星自散。钟伯敬有《秦淮河灯船赋》，备极形致。”

张岱的这段文字点画出了秦淮河上的两大景观，一是河边的房，一是河中的船，而这两件东西的美，要在春夏季节的夜生活里才能充分显露。张岱的角度是从房中看船，这是以静观动，虽然过去几百年了，但我在那个寒冷的晚上，去秦淮河、夫子庙一家小小的饭馆喝热腾腾的老鸭汤的时候，看见冬天近乎凝固似的水面上划过的画舫的时候，还是可以想象出张岱当时看到的艳丽情景。

不过，秦淮河再热闹，再绚丽，也总有层淡淡的金粉褪尽的悲剧色彩，这是南京的感觉：辉煌中掺着一丝忧伤，大青绿中染着一点寂寞，记得《桃花扇》中唱道："中兴朝市繁华续，遗孽儿孙气焰张，只劝楼台追后主，不愁弓矢下残唐。"往昔的繁华竞逐，成了悲恨相续，这个城市曾经辉煌，又曾经沦丧，起落间，不免肃然。

我这段记忆，其实从某个侧面说明新中式建筑的发展，不但需要足够的建筑内涵，也要有足够的文化、历史的支持，才成气候。中华人民共和国成立后，在 20 世纪 50 年代，也是一个需要民族形式建筑来振兴爱国主义、民族信心的时期，因此又出现了一些新中式的探索。

中华人民共和国成立后，因为多年战争破坏的影响和新政权的发展，对新建筑的需求很大。政府各部的机构需要办公室，许多大学需要修建学生宿舍，旅馆、礼堂、研究所、博物馆和工厂等等也都需要大的场地。市区有限的空地要求建筑物向高层发展。建造什么风格的建筑来适应当前需要呢？

1950 年第一批苏联专家来到北京，他们在中国提倡苏联的建筑理论，即"民族的形式，社会主义的内容"。他们希望中国的新建筑表现出中国的民族风格。作为老大哥，他们的理论影响了当时的一批建筑师，并且因为中国人民长期受到外敌欺侮，中华人民共和国成立后又有“抗美援朝”的硝烟，建筑师们出于爱国热忱，很容易就接受了“民族形式”的理论。

梁思成是我国传统建筑和现代建筑探索中关键的人物之一，他亲自到苏联去深入了解了什么是“民族的形式，社会主义的内容”。

20 世纪 50 年代初，梁思成到苏联访问，参观了莫斯科、彼得格勒、基辅、塔什干、新西伯利亚等城市，接触了苏联科学院院长涅斯米扬诺夫（Alexander Nesmeyanov，1899—1980）、苏联建筑科学院院长莫尔德维诺夫（Arkady Mordvinov，1896—1964）等 40 多位建筑界、美术界、哲学界的权威人士，他们都大力赞赏“民族形式”的建筑。建筑科学院院长莫尔德维诺夫多次接待梁思成，陪同他一起参观，他还详细介绍了“社会主义的内容”的内涵：“社会主义的内容，就是关心劳动人民的幸福，关心他们物质和精神上不断提高的需要，在设计中去满足它。”

梁思成认为苏联设计的基本原则是在建筑中反映社会主义风貌和民族风格，对于民族形式的重视，是苏联建筑和城市在外形方面最突出的特征，并且正因为莫斯科和彼得格勒都按照这样一种民族的形式来建造，所以使这两座城市的市容显得和谐而一体化，不同于当时其他西方国家的城市建筑风格各异，杂乱无章。这是梁思成颇为欣赏的。同时，苏联还重视应用各民族遗留下来的建筑遗产。

梁思成在认真考虑后，认为在当时学习“民族的形式，社会主义内容”的苏联经验是可行的。1951年至1954年，梁思成发表了一系列文章来宣传苏联的经验，“民族形式”的理论。1953年党中央也制定了指导和控制建筑设计的方针:“经济、实用和在可能条件下注意美观。”

当时的中国建筑师，大多是在1949年前学成的，那时的建筑教育基本放弃了中国传统建筑的教学，教学内容几乎都是源自欧美的建筑体系。因此建筑师们“民族形式”的建筑知识较为匮乏，并且中国传统建筑规格是围绕着庭院建成的一层或两层的建筑物，而在需要扩展时也只是在地面水平加些别的建筑。仅有的较大规模的建筑都是皇家的宫殿和陵墓，以及佛家、儒家的或其他宗教的寺庙。而现在需要的是能作为机关办事处、职工宿舍、学生宿舍等场所的，容量大并且向高空发展的大建筑物，如何吸收这些民族特色？建筑师们在当时没有足够的钻研时间，常常简单地模仿宫殿建筑，建造了不少仿古建筑，即所谓的“大屋顶”。因此“大屋顶”很快风行全国。

北京的友谊宾馆可以说是北京重要的大屋顶建筑的代表作，

设计师是张镈。

张镈（1911—1999）是山东无棣人。早年受业于梁思成门下，毕业后又长期在杨廷宝身边工作，这使他的业务水平突飞猛进。他先后在香港基泰公司的津、平、沪、宁的事务所任建筑师，天津工商学院建筑系任教授，曾参与了北平先农坛体育场、南京研究院历史所、上海兴诚银行大楼、成都四川大学、九龙美丽华大酒店、香港半山高级公寓等建筑的设计，并于 1941 年至 1944 年承担了北平中轴线文物的测绘工作。

1951 年 3 月 26 日，张镈由香港回到北京。在不长的时间内，他就完成了天桥剧场、新侨饭店、友谊医院等众多建筑的设计任务。其中，友谊宾馆是由中央政府指定张镈设计为接待苏联专家建造的。

张镈在吸取已建成的新侨饭店等建筑的成功经验后，做出了颇具民族风格韵味的设计方案。从外观看，这是一座运用传统形式充满浓郁民族风格的建筑，是一座花园式、庭院式宾馆。院内玉瓦飞檐、绿树簇拥，坐拥一派湖光山色。宾馆主楼高 6 层，连同礼堂一起，建筑面积 24 000 平方米。主楼用标准的三段做法：基座、墙身、大屋顶。中轴对称，凝重端庄。友谊宾馆可说是张镈此时期的代表作品之一，不仅他自己尤为钟爱，至今其设计风格也为建筑界引为典范。

这个时期设计和建造的“大屋顶”建筑中，体量比较大、影响比较大的，还有重庆人民大礼堂，这是在1951年至1954年，由张嘉德（出生年月不详）设计的。

中华人民共和国成立初期的重庆，是我国西南行政区党政领导机关所在地，当时虽是西南地区的政治经济文化中心，但是没有一座稍微像样的可供接待内外宾客的用房。在西南军政委员会主要领导人刘伯承、邓小平、贺龙等主持下，于1951年决定，立即筹建一座能容纳数千人集会的大礼堂和附建一个招待所。

大礼堂于1951年6月动工，1954年4月落成，占地面积25 000平方米，建筑总高度为65米，其中礼堂高55米，内有五层，现用4层，可容观众4 206人。大礼堂采用了明清两代的建筑元素，其主要特点就是采用中轴线对称的传统办法，配以柱廊式的双翼，并以塔楼收尾，立面比例匀称。这类建筑华丽、庄严，虽不完全实用，但它给人一种精神上的凝聚力和威慑力。

根据设计报告，这个大礼堂体现了中国古建筑的三个特点：第一，这个建筑用混凝土框架结构建造，体量宏大，利用高起的地势和巨大的台基烘托，借助于群体的有机组合，以取得宏伟壮观的效果，这是传统木构造的建筑所达不到的。人民大礼堂不仅地势高，而且台基宽阔坚实，气势恢宏。第二，中国古建筑主要以建筑围成的院落为单元，通过明显的轴线关系，串联和并联成多变的建筑群组，这一点也在设计中沿用和发展了。第三，古建筑的比例匀称也体现在大礼堂的设计上。大礼堂屋顶各部分曲线优美、柔和，向上的飞檐使本应下压的大帽子屋顶显现出向上托举之感，宽厚的正身和宽阔的台基，使整个建筑稳固而庄重。

重庆人民大会堂琉璃瓦顶、大红廊柱、白色栏杆，色彩鲜艳、对比强烈，重檐斗拱、雕梁画栋、金碧辉煌、雄伟壮观。因为技术条件的限制，大礼堂的建造很艰难。在没有大型高吊起重设备的情况下，按照“堆积法”，用35 000多根楠竹、木板搭架，把总重量为280多吨、厚约1米的双层钢架，40 000多颗铆钉连成的36片网架组成的大厅半圆形球壳顶架支撑在混凝土柱上，可见一斑。礼堂中径跨度长46.33米，整个顶盖可热胀冷缩，在支点座上，顶壳可内外移动44毫米。

北京“四部一会”建筑群，也是大屋顶建筑登峰造极时期的代表作品。所谓“四部”指第一机械工业部、第二机械工业部、重工业部和财政部，“一会”指国家计划委员会，这是国内第一个根据统一规划、统一设计和统一建设的方式建造的大规模政府办公楼群，位于北京阜成门外三里河西口，总建筑面积84 906平方米。楼群由一幢主楼和东西两幢配楼组成，配楼各有三个重檐大屋顶，地下2层；主楼地上6层，中部为9层，配楼地上5层，四角部分7层，是国内最高的砖混结构建筑，也是一个仿古与现代建筑相结合的典范，其洗练凝重的风格至今仍令人称道。

这个建筑群的设计师是张开济（1912—2007）。张开济生于上海，1935 年毕业于南京中央大学建筑系，曾任北京建筑设计研究院总建筑师，设计了天安门观礼台、革命博物馆、历史博物馆、钓鱼台国宾馆、北京天文馆、三里河“四部一会”建筑群、中华全国总工会和济南南郊宾馆群等工程。

20 世纪 50 年代的这次中国建筑民族形式复兴，在一定程度上，体现了人们思想中回归的民族主义信念。而“民族的形式，社会主义的内容”的实现是以民族古典主义形式，综合运用相关绘画、雕塑等手段，将建筑塑造成为社会主义的纪念碑。但由于对思想层面内容的过度追求，导致了这一时期的建筑向着纪念性、形式主义方向发展，令建筑创作的发展受到了局限。

友谊宾馆完工之后，就有人对这个具有“传统形象”的项目提出了批评，说它的大屋顶“要比普通的屋顶增加两倍重量”，还用了 500 多个斗拱，7 000 多根檐椽，使施工“陷入落后的手工操作中”，整个宾馆的建筑风格是形式主义和复古主义。

张镈对这个设计经过几次仔细的审查，发现大型旅馆的内容和功能要求使它的平面比旧建筑复杂、形象比旧建筑高大，这个要点在设计的时候居然被忽略了。施工时，为了减少高十余米的大片灰砖墙面和大体量所造成的笨重呆板的缺陷，借助了屋顶变化的曲线、盝顶天台和天台上的花架来丰富建筑物的剪影，使整个正立面少了些严肃和单调；入口平台、栏杆和轿车坡道的安排，有助于缓和其不可亲近的印象，给来客一点回旋顾盼的余地。但是，宾馆仍显高傲，有些华而不实、拒人以外的感觉。

在“反对建筑中的浪费现象”运动中，“大屋顶”被指责为华而不实。早在 1952 年就已经有人提出要重视实用和功能，无须太看重建筑形式。当时，“大屋顶”比比皆是，甚至出现了大屋顶形式的仓库和监狱、琉璃瓦屋顶的洗衣间和厨房，都是当时反对意见提出的极端例子。

其实梁思成对这种房子一直是不满意的，对于这种不协调的房子，梁思成曾批评为“穿西装戴瓜皮帽”。在 1944 年撰写的《中国建筑史》中，梁思成认为这类建筑“颇呈露出其设计人对于我国建筑之缺乏了解，如（北平）协和医学院与（成都）华西大学，仅以洋房而冠以中式屋顶而已”。他多次强调“要尽量吸收新的东西来丰富我们的原有基础”，不要抄袭和模仿。但当时经济还不发达，建筑师们还处于探索的起始阶段，所以这种仿古建筑还是占了主流。甚至由于他一直宣扬建筑中的民族形式，还被看作“大屋顶”的始作俑者。

由于一些建筑功能和形态并不适合从屋顶形式出发进行创作，同时也有一些建筑师并不想拘泥于现有的现代建筑发展道路，因

戴念慈与中国美术馆
王受之.2017.3.

此在探索的后期，可以看到从“民族形式”到“反浪费”运动的偏摆痕迹。中国建筑经历了一系列的波折而最终被重新定位的过程。这个时期建筑设计的主要特征：注重新的功能，以平屋顶为基本体型，在建筑的檐口、门窗等部位加入简化后的中国传统装饰纹样，例如北京电报大楼、全国政协礼堂、西安人民剧院等。

戴念慈（1920—1991）也是这个时期民族形式大型建筑设计的代表人物。他的设计理念更多倾向于将现代建筑功能元素融合起来，也就是说建筑设计上民族符号点到即止，而更加突出现代空间感和实用性。他设计了中央党校、中国美术馆等几个具有民族特色的现代建筑。迄今依然是北京最优秀的中式现代建筑群体的典范。

纵观我国从20世纪20年代开始，到20世纪六七十年代的设计，除少之又少的好作品外，相当一大部分作品都是以欧美现代建筑之前的折中主义、新古典风格为主，现代结构和民族传统式样折中构成。美国《建筑实录》(*Architecture Record*）月刊在1974年刊登的一篇评当代中国建筑的文章小标题是“没有值得我们学习的东西”，可以看出西方建筑界对中国在20世纪上半叶的建筑总体情况的失望。来中国参观过的一些西方建筑师都认为中国缺失了现代主义建筑探索这样一个很大的阶段。只有广州等地还有少数现代主义建筑的探索。这个缺失的原因，除了行政、制度、对外关系方面，也在于中国建筑界本身。我国建筑师的基本队伍是以梁思成、杨廷宝为代表的学院派（Beaux Art）教育体制下培养出来的，他们这批建筑师回国之后不久，全面抗战就发生了，抗战多年，国破家亡、流离失所，连生存都不容易，更不用说建筑项目了。因此，这支队伍大部分人都没有真正地参与过现代建筑设计，这就很难谈到在现代建筑上的发展了。

一个国家，在建筑发展初期，提出把现代建筑和传统建筑的一些元素结合起来，其实无可厚非，只是在结合的过程中，出现了传统建筑破坏了现代建筑功能的问题（比如大屋顶下的采光不足，室内比较黑暗，通风也比较差的问题），也出现了造价超出了简单的现代建筑的造价的情况。因此，简单地批判“大屋顶”就是功能不好、成本太高本身是有问题的，也不利于建筑探索。大屋顶运动之所以在当时产生，和苏联专家提倡的民族主义、意识形态化建筑的主张有关，和中国第一代现代建筑家们受自身的学院派教育背景形成的建筑审美立场也有密切的关系，这是一个特殊历史时期的产物，我们也不可能站在当代的立场上抽象的批判，还是需要从当时当地的情况出发来看“大屋顶”运动。

虽然这一轮的民族形式复兴高潮并没有持续很长的时间，但对中国建筑创作的意义是不容忽视的，连 1959 年的国庆十大建筑都深受其影响。对于建筑艺术思想性的强调也在创作指导方针中沿用了许多年，在此后 20 世纪 90 年代民族形式又一轮复兴高潮中仍然能看到这一轮建筑创作手法的一些影子。因此，20 世纪 50 年代中国建筑民族形式的复兴不仅让我们对于中国传统文化更加尊重与重视，也为今后的建筑创作起到了很好的推动与促进作用。

贝聿明设计北京香山飯店. 2017.3.

第十三章

东西建筑的第一次真正对话

把中国精神和现代建筑结合起来的探索，在 1966 年就基本停止了，到 20 世纪 80 年代才重新开始慢慢出现。最早的比较大的设计探索，是我们意想不到的，设计师来自美国，却是华人，并且是一个对中国有着很深认识的华人——贝聿铭先生。

贝聿铭，1917 年 4 月 26 日出生于中国广州，祖籍苏州，曾先后在麻省理工学院和哈佛大学就读建筑学。贝聿铭作品以公共建筑、文教建筑为主，被归类为现代主义建筑。建筑界人士普遍认为贝聿铭的建筑设计有三个特色：一是建筑造型与所处环境自然融合，二是空间处理独具匠心，三是建筑材料考究和建筑内部设计精巧。他的代表建筑有美国华盛顿特区国家艺廊东厢、法国巴黎卢浮宫扩建工程，被誉为“现代建筑的最后大师”。

1979 年 1 月 1 日，中美联合公报，宣布两国建立正式的外交关系。1979 年 1 月，当时担任国务院副总理的邓小平应美国总统卡特的邀请赴美进行了为期8天的正式访问。在此期间，美籍华人国际著名建筑师贝聿铭先生提出愿为祖国做贡献，为首都北京设计一所大型现代化高级饭店的请求得到应允。在回到北京后初步选址三个地方，一是长安街，二是圆明园，而最后选中风景秀丽、林木丰茂、幽静宜人的香山公园旧香山饭店处。

香山饭店的原址是康熙香山行宫，东宫门“涧碧溪清”匾额为康熙帝御题，1746年乾隆皇帝修建香山静宜园时扩建，钦定静宜园勤政殿、丽瞩楼、绿云舫、虚朗斋等二十八景。虚朗斋为中宫主要建筑，乾隆御制虚朗斋诗曰：“澹泊志乃虚，宁静视斯朗。川云共啸咏，天地任俯仰。隐几极目清，披襟满意爽。惟其无一物，是故含万象。”据《日下旧闻考》记载：“学古堂前周廊嵌御制静宜园二十八景诗石刻。”1860年静宜园遭英法联军劫掠和焚毁。1920年9月3日，香山成立慈幼院正式开学，熊希龄任校长，有儿童200余名，分男校和女校，女校即在前清皇室中宫处。同年，慈幼院陈安澜等师生测绘1/2500静宜园地形图。民国时期添建姊妹楼等建筑。香山慈幼院时期，为解决办学经费，园内大部分风景区租给达官贵人、军阀巨商建私人别墅，同时慈幼院在香山寺遗址等地开设旅馆，名为“甘露旅馆”，即香山饭店前身。

这个项目可以说是20世纪七八十年代最早的新中式探索的典范。也是中国改革开放后外国建筑师在中国的第一件作品，融中国古典建筑艺术、园林艺术、环境艺术为一体，在贝聿铭设计生涯中占有重要位置，他说："从香山饭店的设计，我企图探索一条新的道路，在一个现代化的建筑物上体现出中国民族建筑艺术的精华。"

我第一次去香山饭店是在 1984 年，在那里住了几天。那一次，我有机会细细地参观这个 20 世纪 80 年代初期出现的新中式大型建筑群。

可以说，贝聿铭在设计香山饭店的过程中，努力地保持了纯粹的中国精神。这个酒店用中国庭园景观和西方现代化设施相结合而成，坐落在历史悠久的皇家园林之中，西倚青山，东临静翠湖，不规则的 11 处院落布局方式，庭院中的人造湖、九曲流觞古迹的应用，都使它与周围的水光山色、参天古树融为一体，白墙、灰砖对缝窗框，具典型的苏州园林特点。

饭店主体建筑是一栋白色的现代主义楼房，宽阔的常春厅大堂，采用玻璃屋顶，自然采光，使内庭成为光庭，这是贝氏建筑设计的特点之一。主体建筑后的流华池，是典型的中国式园林，弯曲的小径，铺鹅卵石，周围布置假山，白色建筑倒影在水池中，和中式园林有机地融为一体。

作为一座设法融古典建筑、园林、环境为一体的酒店，贝聿铭极力用简洁朴素的、具有亲和力的江南民居为外部造型，将西方现代建筑原则与中国传统的营造手法，融合成具有中国气质的建筑空间。外貌似很普通，初看似乎貌不惊人，但是越看就越会感到她轻妆淡抹的自然美，这是建筑给人的整体印象。

贝聿铭在平面布局上，沿用中轴线这一具有永续生命力的传统。建筑的前庭、大堂和后院，分布在一条南北的轴线上。空间序列的连续性，营造出中国传统建筑庭院深深的美学表现。虽然总体积约 15 万立方米，但并没有视觉上的庞大，因为建筑师结合地形，巧妙地营造出高低错落的庭院式空间，建筑匍匐在层峦叠翠之间，如同植物漫地生长。院落式的建筑布局成了设计中的精髓：入口前庭很少绿化，是按广场处理的，这在我国传统园林建筑中是没有的，但着眼于未来旅游功能上的要求；后花园是香山饭店的主要庭院，三面被建筑所包围，朝南的一面敞开，远山近水，叠石小径，高树铺草，布置得非常得体，既有江南园林精巧的特点，又有北方园林开阔的空间；由于中间设有“常春四合院”，那里有一片水池，一座假山和几株青竹，使前庭后院有了连续性。

整个香山饭店的装修，从室外到室内，基本上只用三种颜色，白色是主调，灰色是仅次于白色的中间色调，黄褐色用作小面积点缀。这三种颜色组织在一起，无论室内室外，都十分统一，和谐高雅，使来到香山饭店的人们，看到每一个细小的部件都不会忘记身处在香山饭店，这一点看起来似乎简单，但最难做到。

贝聿铭还大胆地重复使用两种最简单的几何图形：正方形和圆形。大门、窗、空窗、漏窗、窗两侧和漏窗的花格、墙面上的砖饰、壁灯、宫灯都是正方形，连道路脚灯的楼梯栏杆灯都是正方形。圆则用在月洞门、灯具、茶几、宴会厅前廊墙面装饰，南北立面上的漏窗也是由四个圆相交构成的，连房间门上的分区号也用一个圆套起来，这种处理手法显然是经过深思熟虑的，深藏着设计师的某种意图——重复之上的韵律和丰富，像是用青砖填写在粉墙上的《忆江南》，残雪、白墙、翠竹、庭灯、苍松、铺装……

这一切，就像一幅水墨画。有意思的是，著名旅法画家赵无极对好朋友贝聿铭的建筑非常喜欢，受他委托画了一张大水墨画，装饰大堂室内。为了保持与整个建筑的协调，他舍弃了所有具象的形态和浓艳的色彩，用纯净的水墨，泼洒出一幅国画极品。

华南理工大学建筑系教授、建筑师朱亦民曾经写过一篇文章《从香山饭店到CCTV（中国中央电视台）：中西建筑的对话与中国现代化的危机》（发表于《今天》期刊第85期的中国当代建筑专辑，2009年7月），谈到香山饭店的设计过程。有这么几段非常重要：

“中央政府和北京市的官员希望他（贝聿铭）在故宫附近设计一幢二三十层的现代化高层旅馆，为中国建筑树立一个现代化的样板，同时作为中国改革开放和追求现代化的标志。这个想法在今天看来显得十分荒唐，在当时却反映出整个中国社会对西方文明所代表的现代化的急切向往。贝聿铭回绝了这个建议。他希望做一个既不照搬美国的现代摩天楼风格，也不完全模仿中国古代建筑形式的新建筑。最后，贝聿铭选择了在北京郊外的香山设计一个低层的旅游宾馆。1980 年贝聿铭在接受美国记者的采访时这样说：‘我体会到中国建筑已处于死胡同，无方向可寻。中国建筑师会同意这点，他们不能走回头路。庙宇殿堂式的建筑不仅经济上难以办到，思想意识也接受不了。他们走过苏联的道路，他们不喜欢这样的建筑。现在他们在试走西方的道路，我恐怕他们也会接受不了……中国建筑师正在进退两难，他们不知道走哪条路。’他表示，愿意利用设计香山饭店的机会帮助中国建筑师寻找一条新路。”

在差不多 4 年的时间里，贝聿铭和他的设计团队不辞辛劳，克服种种困难来实现他的意图。香山饭店是围绕一系列庭院空间组合而成的建筑，园林景观是非常重要的一个角色。贝聿铭为了完整地表现中国古典园林的意境，说服了当时中国政府的副总理，从远在云南的石林景区采集搬运了 230 吨的石头到香山，供造园之用。在施工的过程中，驻现场的建筑师必须和消极怠工的施工队做斗争，和当时种种规章制度周旋，甚至到了开幕前一天，贝聿铭和他的夫人要亲自清扫大理石地面上的污物，他的助手要把马桶一个个擦干净。

“在建造过程中，香山饭店已经受到中国建筑师和媒体的高度关注，贝聿铭也在一些场合对他的设计构思做了阐述和解释。但中国方面对香山饭店并没有一面倒地加以赞美，而是既十分好奇，又充满了疑虑。”

香山饭店落成投入使用之后，中国的官方媒体对这栋建筑进行了报道。《人民日报》这样写道：“一开始，香山饭店似乎并不引人注目，甚至有些怪异……这种建筑在中国北方很少见，有些人甚至觉得它太素淡。如果你进饭店看看，就会觉得别有洞天。”在各种各样的场合，中国的建筑师从各个角度对这栋建筑展开了讨论，表现出了有保留的肯定态度。大多数建筑师折服于贝聿铭高超的设计手法和一丝不苟、精益求精的敬业精神。对香山饭店的空间和细节的处理、造型的丰富和统一性、对传统形式的借鉴和转化以及建筑与园林景观和自然环境之间关系的处理都大为赞赏。

另一方面，对香山饭店的批评集中在建筑之外的一些状况。一些建筑师认为贝聿铭选择在香山设计一个四星级旅游宾馆的做法根本是错误的，从旅馆经营的角度看，香山并不是一个大的风景区，离市区不过二十几公里，游人可以一天之内游完主要景区，回到市内过夜。在此处建造一个 300 多间客房的旅馆，客源无法得到保证。有一些建筑师指责贝聿铭滥用政府给予的特权，在此地建造一个 38 000 平方米的大建筑群，尽管采用分布式的布局，仍然砍伐了不少上百年的古树，还造成对香山自然环境的污染。贝聿铭为了特殊的建筑效果，不惜采用磨砖对缝这样的传统手工做法，大大提高了建筑的造价。极端例子是灰砖价格高达每块 6 元人民币，庭院中的鹅卵石甚至比鸡蛋还贵。他动用政府资源从云南搬运巨石的做法也为人所诟病。还有人认为，如果政府能像尊重贝聿铭那样尊重中国本土建筑师，那么毫无疑问他们也能创造出同样的精品。总体而言，香山饭店所引起的争议和它的影响力在 20 世纪 80 年代初期没有任何其他建筑能比得上。但由于贝聿铭无人可比的特殊地位和对项目的完全的控制，加上项目本身的特殊性，使得多数人认为香山饭店虽然是一个好的艺术品，但不可能如贝聿铭所希望的那样，成为中国建筑未来发展的样本。

我搜索各方面对香山饭店的评价时，发现对建筑设计本身的批评并不那么多，绝大部分是对选择的批评。香山饭店选择了具有文化内涵丰厚的文物遗址来建造，项目本身就有内伤，有园林建筑专家提出香山饭店的建设是对香山静宜园文物的破坏。

据说贝聿铭对在这个地方建酒店有过心理斗争，2008 年 7 月

24日，CCTV《人物》栏目《为中国而设计》“贝聿铭与苏州博物馆”专题访谈中，贝聿铭说道：“香山的树木、水啊，都很美，很多树木几百年了，完美得不得了，所以最好不动香山，摆一个建筑在里面，我觉得已经错了，香山饭店我不应该做，可是已经做了。”因为这个工程，伐了很多古树，据记载，在香山饭店施工建设过程中，拆除姊妹楼等原有建筑面积8 000平方米，伐除树木245株，百年以上古树70余株，其中大部分为一级古树。

自1982年香山饭店落成之后，贝聿铭先生再也没有回去看过自己在中国设计的这第一件作品。

苏州的园林住宅．王受之．2017

第十四章

再试苏州

贝聿铭对香山饭店并不满意，隔了很多年之后，他在设计苏州博物馆的时候做了更加完善的工作，也成为新中式的又一个典范作品。

苏州是贝聿铭的故乡。贝聿铭出生后，在香港度过童年，10岁时全家迁往上海，从那时起，几乎每年寒暑假，贝聿铭都是回苏州过的。贝聿铭的祖父贝哉安直到去世时，一直住在苏州的西花桥巷，那儿离狮子林很近。狮子林当时是贝氏的家族产业，贝聿铭经常在里面嬉戏、玩耍。直到1935年他离开上海去美国求学，一走就是半个多世纪。在狮子林，我们现在还可以看到贝氏祠堂。贝氏家族是苏沪名门，诞生了“颜料大王”贝润生（1872—1947）、“金融巨子”贝祖诒（1892—1982）等名人。

1996年，80岁的贝聿铭应家乡政府的邀请回到苏州。冒雨赶到西花巷去拜访老宅和故人。此时，老宅已不再，只留给贝老无尽的回忆。贝老 80 岁大寿当天，生日晚会安排在狮子林，晚会上，他接受苏州市政府的聘书，从此担任苏州城市建设高级顾问。那天晚上，贝聿铭在族叔公贝仁元修造的狮子林里说话看景，当场挥笔写下七个字：云林画本旧无双。苏州博物馆的概念大概那个时候已经开始出现在他脑海里了。

真正接受苏州方面邀请，设计苏州博物馆任务是在 2002 年。当时，苏州博物馆的选址正面临巨大争议。苏州有着 2 500 年的历史，古街、古桥星罗棋布，点缀其间，而平江路作为苏州保存最完好的古街区，800 年来始终保持着河路并行的格局。要在这样的一个地段建造一座新的博物馆，其难度可想而知。不但如此，在苏州博物馆新馆的规划图中，博物馆的北侧还紧邻世界文化遗产：拙政园，东侧是太平天国忠王府旧址，南侧隔河相望的则是著名的古典园林狮子林，这几乎让所有的设计师都感到无从下手。苏州的一位园林专家曾专门写文章质疑选址的可行性，他认为把拙政园附近的那些民居拆掉，造一个新的博物馆，可能会破坏拙政园的景观。很多媒体的大肆报道，用"'拆了世界文化遗产''拆了全国重点文物保护单位'造苏州博物馆新馆"等这样耸人听闻的标题来博眼球。甚至连联合国教科文组织都出面调查此事。

贝聿铭的内心是复杂的，在这样特殊的地理位置建馆与厚重的历史沉淀比肩相邻，对于早已功成名就的贝聿铭来说，面临的各种挑战也是前所未有的。2002年春天，贝聿铭回到了阔别多年的故乡苏州，他实地考察了博物馆新馆的地形地貌，以及周边环境，经过三天慎重的考虑后，最终在合约上签下了自己的名字。

贝聿铭曾就苏州博物馆新馆的设计写信给吴良镛院士。贝聿铭在信中写道："苏州古城人文历史悠久，而苏州博物馆新馆地处古城之中，将是展现苏州人文历史的重要公共建筑。如何使建筑与周边之古城风貌协调？如何将21世纪的建筑与2 500年的文明结合？这些都是我考虑得最多的问题，这不仅事关苏州，且对中国建筑发展有现实意义。"贝聿铭还阐述了苏州博物馆新馆的设计理念："我希望苏州博物馆新馆建筑能走一条真正的'中、苏、新'之路，三者缺一不可。"

2002年5月份他开始了新馆的概念设计。当年冬天，贝聿铭带着夫人再次来到苏州博物馆实地考察。苏州市文广局领导特地安排昆剧《游园惊梦》在忠王府古戏台演出，演出从下午开始，持续一个多小时。当天天气很冷，贝老身穿深灰色西服，一直兴致勃勃。也许是这场演出触动了贝聿铭的灵感，经过大半年时间的设计，贝老拿出了新馆设计方案。

贝聿铭设计了一座结合本地传统建筑、园林的现代化馆舍，把新建筑、古建筑与创新山水园林三位一体展现出来。在整体布局上，新馆巧妙地借助水面，与紧邻的拙政园、忠王府融会贯通，成为其建筑风格的延伸。新馆建筑群坐北朝南，被分成三大块：中央部分为入口、中央大厅和主庭院；西部为博物馆主展区；东部为次展区和行政办公区。这种以中轴线对称的东、中、西三路布局，和东侧的忠王府格局相互映衬，十分和谐。新馆与原有拙政园的建筑环境既浑然一体，相互借景、相互辉映，符合历史建筑环境要求，又有其本身的独立性，以中轴线及园林、庭园空间将两者结合起来，无论空间布局和城市机理都恰到好处。

新馆正门对面的步行街南侧，为河畔小广场。小广场两侧按“修旧如旧”原则修复的一组沿街古建筑古色古香，成为集书画、工艺、茶楼、小吃等于一体的公众服务配套区。

对于苏州博物馆有许多评价，我节选一些以飨大家：

“博物馆新馆的设计保留了传统的苏州建筑风格，把博物馆置于院落之间，使建筑物与其周围环境相协调。博物馆的主庭院等于是北面拙政园建筑风格的延伸和现代版的诠释。新的博物馆庭院，较小的展区，以及行政管理区的庭院在造景设计上摆脱了传统的风景园林设计思路。而新的设计思路是为每个花园寻求新的导向和主题，把传统园林风景设计的精髓不断挖掘提炼并形成未来中国园林建筑发展的方向。

“尽管白色粉墙将成为博物馆新馆的主色调，以此把该建筑与苏州传统的城市机理融合在一起；但是，那些到处可见的、千篇一律的灰色小青瓦坡顶和窗框将被灰色的花岗岩所取代，以追求更好的统一色彩和纹理。

“博物馆屋顶设计的灵感来源于苏州传统的坡顶景观——飞檐翘角与细致入微的建筑细部。然而，新的屋顶已被重新诠释，并演变成一种新的几何效果。玻璃屋顶与石屋顶相互映衬，使自然光进入活动区域和博物馆的展区，为参观者提供导向并让参观者心旷神怡。玻璃屋顶和石屋顶的构造系统也源于传统的屋面系统，过去的木梁和木椽构架系统将被现代的开放式钢结构、木作和涂料组成的顶棚系统所取代。金属遮阳片和怀旧的木作构架将在玻璃屋顶之下被广泛使用，以便控制和过滤进入展区的太阳光线。”

馆建筑与创新的园艺是互相依托的，贝聿铭设计了一个主庭院和若干小内庭院，布局精巧。其中，最独到的是中轴线上的北部庭院，不仅使游客透过大堂玻璃可一睹江南水景特色，而且庭院隔北墙直接衔接拙政园之补园，新旧园景融为一体。

据说，位于中央大厅北部的主庭院的设置是最让贝聿铭费心的。主庭院东、南、西三面由新馆建筑相围，北面与拙政园相邻，大约占新馆面积的1/5空间。这是一座在古典园林元素基础上精心打造出的创意山水园，由铺满鹅卵石的池塘、片石假山、直曲小桥、八角凉亭、竹林等组成，既不同于苏州传统园林，又不脱离中国人文气息和神韵。山水园隔北墙直接衔接拙政园之补园，水景始于北墙西北角，仿佛由拙政园西引水而出；北墙之下为独创的片石假山。当问及为何不采用传统的太湖石时，贝聿铭曾说过，传统假山艺术已无法超过。一辈子创新的大师，不愿步前人的后尘。这种“以壁为纸，以石为绘”，别具一格的山水景观，呈现出清晰的轮廓和剪影效果，使人看起来仿佛与旁边的拙政园相连，新旧园景笔断意连，巧妙地融为了一体。

这种在城市机理上的嵌合，还表现在东北街河北侧1—2层商业建筑的设计，新馆入口广场和东北街河的贯通；亲仁堂和张氏义庄整体移建后作为吴门画派博物馆与民族博物馆区相融合，保留忠王府西侧原张宅“小姐楼”（位于补园南、行政办公区北端）作为饭店和茶楼用等；新址内唯一值得保留的挺拔的玉兰树也经贝先生设计，恰到好处地置于前院东南角。

我去苏州博物馆看这个新中式的设计，最让我喜欢的是中国人特有的虚实结合方式。清初文人赵执信在他的《谈艺录》序言里生动形象地说明了“虚”与“实”统一的这种美学艺术境界，他说：“神龙者，屈伸变化，固无定体，恍惚望见者，第指其一鳞一爪，而龙之首尾完好，固宛然在也。”从“一鳞一爪”（实）见“龙之首尾”，龙之“神”态，虚中有实，实中有虚，虚实相生，否则便索然无味了。

苏州博物馆设计中的虚实结合的方面很多，这是任何一个外国设计师无法做到的。比如“留白”的手法，是水墨画中很常用的，贝聿铭用了在博物馆设计上。他有意缩小了新馆的建筑面积，而留出了一大片的庭院和水塘，在它们上方形成的空间，直接就是大片“留白”，形成与建筑物之间的虚实对照。庭院造成的空间是“虚”，周围的建筑是“实”，整个空间在纵轴上形成了开阔的视野空间表现为“虚”，周围室内空间形态相对于室外空间表现为一种“实”。

另外一个很突出的中式手法就是隐喻、内敛，造型、用材、色彩都单纯、雅致。为了协调周围的建筑，总体高度都很低，分为首层、二层和地下层，将建筑逐渐分散到四周的布置上，遵循“不高不大不突出”的设计原则，这种毫不张扬的建筑布局正彰显了中国人谦卑、含蓄的精神特质。色彩、质材也和环境配合，外墙和内墙都以纯净的白色作为主基调，仅仅在空间转折处用灰色的线条来勾勒外形。同时，深灰色石材的屋面与白墙相配，简单、素雅。苏州博物馆的这种黛瓦粉墙相间的地域色调是非常突出的中式。

狮子林对贝聿铭的设计理念的形成影响很大。贝聿铭年少时最欢乐的时光就是在这座以石著称的园林中度过的。光影在石头的缝隙和窟窿中肆意穿梭，假山中的山洞、石桥、池塘和瀑布给年少的贝聿铭带来无穷的幻想。狮子林的造景很多采用“种石”技术。工人将太湖石凿出洞来，放入水中，潮起潮落，石头粗糙的棱角变得光滑，10 年或 20 年后，工人们才会搬走石头用来布置庭园。几十年后，贝聿铭仍对那种叫作“种石”的技术赞叹不已，那时他才意识到，儿时在苏州的经历让他发现了人与自然共存的道理：“人以创意为自然添色，而自然也激发人的创作灵感。我的作品也体现了这一精神。从建筑最初的设计，到施工，再到最终竣工，需要几年的时间，这漫长的过程如同庭园中的造石。”

“种石”的过程更让贝聿铭对中华文化感悟至深：父辈那一代人种植，孩子那一代人收获。“儿时记忆中的苏州人以诚相待、互相尊重。人与人之间的关系为日常生活之首，我觉得这才是生活的意义所在。我也逐渐感受到并珍惜生活与建筑的关系。”贝聿铭说：“在香港，我们是外人。直到回到苏州后，我才感受到我的根。这对我影响很大。”

对于贝聿铭来说，设计苏州博物馆是他人生中一段重要的旅程，得以重新认识自己的故乡，同时也将多年积累的建筑智慧结合东方的传统美学以及对家乡的情感全部融汇在这座建筑里，创造出了独具魅力的视觉之美。他将自己晚年这一力作视作“最亲爱的小女儿”。

贝聿铭在新中式建筑设计上是具有先锋作用的人物，我们在讨论新中式的时候怎么也绕不开他的贡献。

四合院的基本型制到各地都發生了變異產生許多按照地區具體條件
設計的民宅，其中安徽、江西、江浙、廣東成就顯著 王受之記

第十五章

民居兴起

20 世纪 80 年代中期以来，出现了打着“后现代”牌子的所谓民族现代建筑和现代建筑在北京突然大量涌现，估计贝聿铭先生自己也从来没有想象到无须他的探索，焦急的建筑师们已经启动了一波前所未有的设计和建设浪潮，其中有一系列非常精彩的新中式作品，也有一些形式和现代功能完全不相干的拼合比较差的作品，缺乏经验、操之过急、行政指挥都是原因。

较好的较大型新中式的建筑在 20 世纪八九十年代有多少呢？经查证汇总如下。

20 世纪 80 年代涌现的具有突出中国传统特色的现代大型建筑群有：北京图书馆新馆（1987 年）、北京香山饭店（贝聿铭设计，1982 年）、北京玻璃厂文化街（1985 年）、中国工艺美术馆（1989 年）、中国人民银行（1989 年）、武夷山庄（1983 年）、阙里宾舍（1984 年）、杭州黄龙饭店（1986 年）、滕王阁（1989

年）、湖南大学图书馆（1980 年）、黄鹤楼（1986 年）、广州西汉南越王墓博物馆（1988 年）、陕西省历史博物馆（1986 年）等。

新中式在这个时期转入一个更高水平的阶段，1984 年由戴念慈在曲阜设计的“阙里宾舍”就是一个很有探索性的具有地标性意义的作品。

阙里宾舍整个建筑采取中国四合院式的布局，组成几座院落，以回廊贯通，与孔庙、孔府融为一体、相得益彰。阙里宾舍西临孔庙，北临孔府，其设计以“甘当配角”为指导，严格控制高度，体量化整为零，并借鉴传统院落的组合方式，采用青砖、青瓦，融入古建筑群中。在技术上应用大跨度空间结构，适应宾馆的功能需求。室内设计以白色为主，典雅静谧。内部装修古朴典雅，书法、绘画、雕刻及各类艺术品，彰显着浓郁的儒家文化气氛，是国内最为典型的儒家文化主题酒店。这是设计上非常有见地、有所突破的新中式典范作品。而其他几个重要项目，我均细细看过，形式上有突破，但是功能上有些和现代功能矛盾的硬伤，因此就不多说了。

20 世纪八九十年代在长安街涌现了一大堆占据了长安街两旁最好位置的大楼，大部分是缺乏设计文脉思想的庞然大物，新恒基中心、中国海关、国际饭店、中国社科院办公楼、交通部、中国妇联、邮政枢纽等等，建筑之间毫无关系、杂乱无章、体型庞大，成了建筑界的反面教学区。从北京站一直铺陈到长安街的体量臃肿如恐龙的恒基中心，放眼望去，长安街东段几乎没有一栋可以称得上动人的建筑，而这些建筑体量庞大，形式古怪，功能欠缺，成了这个时代的肿瘤。西城的情况也一样，金融街建筑群，黑色的建设银行、青色的投资广场、五花的通泰大厦、银色的工商银行……拥挤在一起，各说各话的杂乱程度令人目瞪口呆，北京西客站更加是诟病多多，清华大学教授、建筑评论家陈志华说："一塌糊涂！互相闹的结果，是每个建筑缺点大暴露。"

2000 年后公共建筑中的新中式有递减的趋势，大楼的重大建筑都交给外国建筑师设计，比如北京国际机场三号航站楼（诺尔曼·福斯特设计，2008 年）、国家大剧院（保罗·安德鲁设计，2008 年）、国家奥林匹克运动中心（又名"鸟巢"，瑞士赫尔佐格–德梅隆事务所设计，2008 年）、广州歌剧院（扎哈·哈迪特设计，2010 年）等等。

与之相反的是，这一时期，新中式民居却逐渐兴起。

我想，新中式民居之所以在改革开放之后会再次兴起，是和中国人的民族生活习惯、传统审美观有密切关系的。传统的中国居住建筑因为木构、低层，难以成为工业化、后工业化时代的主要建筑形式，而逐步被淘汰。何况，属于北方系统的传统住宅四合院需要相当的占地面积，而属于南方的天井围合院落（四水归堂）则在采光、通风等方面无法满足现代生活要求。改革初期，人们对西方建筑、对现代建筑有一种久违的羡慕，因此有 20 多年，所谓“欧陆风格”占据绝对上风，颇为难堪。

到了 20 世纪 90 年代中期以后，开始有极少数开发商提出要试试做一些中式传统居住建筑，他们知道既不能照搬四合院、“四水归堂”，又要把现代生活与传统建筑的精粹连接到恰到好处的地步，的确困难。有一次，我去成都策划一个项目，傍晚在街头吃饭，看见街对面一色的黛瓦粉墙，鳞次栉比的马头墙联排住宅，走过去看看，是前后两重院子，住宅摆在中部的布局，叫作“成都清华坊”。这样的住宅因为要移植古树、营造院落，当然占地比较多，但整体建筑却颇有味道。我很注意这个开发商的作品，他们后来在广州、在广东的中山又各做了一个项目，都叫同一个名称，是我感觉比较舒适、结合得不错的新中式项目。

2002 年安徽推出了一个中式项目“和庄”，是传统的徽派住宅。

2004 年北京开始冒出“新中式”。“观唐”是两层的四合院别墅，还有新北京四合院。这股风气颇受建筑界支持，我见当年有周榕、马国馨、郑时龄这些建筑家、建筑评论家纷纷著文或者出席各种论坛盛赞“新中式”。

新中式民居为什么会在这一时期兴起，也是有社会文化背景的。随着国力的增强，中国人的文化自信越来越充足，中华文化

清华坊的设计

新中式住宅
王受之 2017.2.

也开始重新对西方散发魅力。这一点在各个领域都有体现，居住观上也不例外。

有世界500强大企业的中国高管，热衷于住四合院，骑自行车上下班。北京的一位高端住宅经纪人讲过一个故事，他的一个客户就喜欢中国传统住宅，每天早上，铜锣鼓巷的居民就会看见这位美国老人在街巷中慢跑，身后跟着他的两条爱犬，一边跑步，一边还会和过往的邻居们打声招呼。

这些老外喜欢四合院，是出于对中国国粹的喜爱；而另一些中国富豪购买新中式住宅，则更多是一种传统居住观和价值观的延续。在这些人看来，当财富积累到一定程度的时候，只有这种传统意味上具有极强标属感的宅子才能匹配。在煌煌京城这样的深宅里把玩古董，正是一种流行的低调奢华做派。当他们这么做的时候，他们认为找到了自己在文化上的根。

做建筑必然要考虑到不同风格、不同时期的建筑构造、装饰体现的精神，我也开始思考传统和现代的结合中各有什么长处。

中国传统建筑主张“天人合一、浑然一体”，内敛、围合、含蓄、稳重，讲究稳定、安全和归属感。它的构造、形态、装饰体现的是礼制思想，注重等级体现：形制、色彩、规模、结构、部件等都有严格规定，这种做法在一定程度上完善了建筑形态，但是同时也限制了建筑的发展，最直接的表现就是居住的不舒适性。

因此传统的中式住宅是没有办法适应现代人生活方式的。

而西方建筑讲究功能至上、宽敞、开放、明亮、张扬，这符合现代人简练、纯粹的审美感，是现代材料和现代结构的彻底表达，适合现代人的生活方式结合，却未必完全符合中国人的传统审美观。因此，要设计新中式，得把两者的长处结合起来做才行。

这种结合不是简单的叠加，应该是有机融合。比如，中式需要有庭院、天井这些布局，而西式生活则习惯有更加隐蔽的地下室，这些元素的运用都不是简单中西添加可以解决的。居住的舒适、私密性，采光通风、现代的卫浴、厨房和这些空间在居室中的地位，家庭不同代的成员的居室环境必须合理分隔、有机协调。外庭院、下沉庭院、内游廊这些新的设计手法就是在这个过程中逐步产生出来的，它们赋予新中式住宅一种更自然、更现代、更具生命力的品相。

我注意到，现在比较多见的新中式住宅在建筑设计上都采用了一层与二层的退台设计，这样可以增强私密性，并增加了空间的多变性，富有情趣；都做了半穴地形式的地下室，作为更加私密的非主流生活空间，有一些还可以直通到车房；设置下沉庭院、保证地下空间的通风与采光，这是一种很常用的手法，经济上、功能上都很有优势。

新中式建筑有什么可以归纳的基本要素呢？我想应该就是现代室内空间、中式外观的结合。也就是说功能上、舒适性上是西方现代建筑的，而建筑形态、院落布局、装饰元素、家具和软装走中式的方向。大体上可以说框架是现代的，辅助元素是中式的，用西方现代建筑的空间布局、舒适性、功能性设计为主线，辅助以中式的形式、庭院、园林，框架是西方的，灵魂是中国的。大概是这样一个关系。

比较有意思的是，北京这个文化沉淀最深厚的地方反而不是最早出现新中式民居的城市。针对这一奇怪现象，国内比较早做新中式开发的林少洲谈了自己的看法，他说大概因为三方面的原因造成：第一，新中式建筑占地面积大，在北京操作成本太高；第二，北京的信息量太大，潮流转换太快，过于浮躁；第三，北京强调的不是民居文化，故宫才是北京最伟大的建筑，民居是弱势主题。没有想到从 2004 年转到现在，新中式在北京反成了主流风气。我记得 2006 年，在北京靠近国际机场一片 6 000 亩土地要开发时，我曾劝说大家不妨做一个新中式项目试试，但是当时没有人听得进去，反而做了一个法国风格的小镇。而今年去看，最高级的住宅尽是新中式的。

正是因为在北京建新中式住宅非常之难，一旦建成才越发珍贵。新中式可以理解为具有中国特色、反映中国人现实居住状态的，既体现国人居住文化又开放地融合世界先进居住理念的住宅文化。

中国心、世界观的结合，就是新中式住宅的居住文化。

第四部分

『府』『园』结合

第十六章

中粮瑞府的精神归属

新中式建筑在国内的发展方兴未艾，中粮·瑞府项目是一个很有意义的成功探索。

中粮·瑞府设计是以“儒”与“道”作为文化主轴，强调自然与人文的融合性，提倡建筑与自然环境的天人合一，这种融合的理念要求在居住环境中塑造自然院落，具象到建筑形态即为“府”与“园”的完美结合。

按照中粮集团的设计理念，“府是家，是事业，是健康与幸福的容器；园是意境的表达，是心境的自然流露。一府多园，前庭后院，主园与分园，错落有致的建筑布局空间，园中有府，府中有园，府园是在建筑的基底上国人对自然情怀的礼遇，是中国精神守恒不变的对自然与人文融合的追求。”

我是先看了设计规划图，才去参观瑞府的。

瑞府项目负责人告诉我，中粮对整个项目的规划、开发、设计有一个清晰的思路：一是确定这个项目的产品是顶级的府宅，目前北京最好的别墅住宅；二是肯定这个项目的设计、布局和北京的城市肌理有密切的关系，受北京老城胡同系统和四合院概念的影响，符合中国人对于居住环境的偏好——独门独院、邻里靠近、私隐又公共的双重性居住区。

他们在规划上首先考虑到北京这个从元、明、清三代以来的皇城的基本结构特点，方正、次序、围合，这一点自然地用到了瑞府的规划布局上了。从规划上来看，整个瑞府是一个围合起来的大庭院，而每一个住宅单位又是一个围合的府宅，大围合套小围合，层层叠叠。这种布局我们早在紫禁城的规划中看到过，其中的住宅东、西六宫是被紫禁城包围着，而整个紫禁城又被皇城包围着。中国古典的城市、住宅概念就是这样的围合形式，瑞府里面的每一个住宅单位都是独立的庭院，而外部又是景观，因而非常传统。

一个好的住宅区，园林设计具有举足轻重的作用。从景观来讲，这里有很好的树林，被温榆河环绕，并且形成了小湖，为了突出自然感，设计上使用了踞山倚岸、山水绕园的概念，在一系列节点上建造了砌石对山造景，融合到平静的河边中去，一下子

把北京的烦躁脱了出去。

造景是两方面的，一方面是点缀处处的景观，所谓“重园叠翠，处处有园”，另一方面是做大景观，作为整个瑞府的主题造景。北京是一个比较缺水资源的城市，瑞府属于北京朝阳区，在国际机场附近，附近最主要的河流是温榆河，流经整个项目，因此形成了 10 万平方米的亲水用地。在瑞府之中，刻意设计了千米水岸的观河大园，循着流经地块的 10 万平方米河流，在台地上筑府，让府宅都具有亲水的优势，家家都有水岸，颇有江南水乡的感觉。这种布局在北京是极为少见的。

我去瑞府的时候，就是从这个千米水岸乘船进入园区的。坐

在船上看树林中忽隐忽现的中式宅子，很难想象这番江南景象居然是在北京。

中粮 · 瑞府的容积率不高：0.6，在北京住宅中属于中密度别墅。把这样的容积率和顶级住宅结合，需要做很多设计上的调整工作，通常多见的联排、叠加的组合方式改变了，在这个项目中设计为每户前后、左右双向拼接，并且每一户都是采用内向型围合，庭院完全独立而不受外界干扰。我的参观就是在一个又一个庭院、院子中间穿越，越走越幽静。整个项目园林穿插住宅，住宅辉映在树林中间，非常清幽和静谧。外面的喧嚣一下子完全被树林、园囿屏蔽掉了。

我在中粮 · 瑞府这个项目中行走的时候，注意到尺度、布局上有很多动机是来自北京胡同、街巷，横平竖直，好像一个棋盘格一样，整个棋盘又收藏在园林的绿荫之中。

这就是北京人记忆中最深刻的框架，几千条横平竖直的胡同编织成的一张城市的网。胡同的网格之中就是围合的四合院，这是瑞府的基本构造设计：用纵横的通道组成一张方格网络，在方格之间摆放入围合的府宅。这样既有独门独院的享受，又有正东西南北的交通网连带，私隐又方便，正是北京的核心元素。

在街巷设置上，中粮 · 瑞府创造出一个层层叠叠体验丰富的完整系统——从小区抵达、节点广场、主巷、窄巷、住宅入户到家庭小院，建筑师在笔记中说，它们彼此呈等级明晰的递进关系——在被儒家思想统治了将近 2 000 年的泱泱中华，礼制所带来的对于等级与次序的重视就这样被反应在了入户流线中。邻里关系渗透着温文尔雅、谦谦君子的柔和气氛，先贤们一直谈论的，“君子”与“世”的辩证关系，因此深切反映在了设计中。

这种递进关系还体现在，从小区到街巷再到家庭，一步步提升的空间私密性更实现了住户们一步步从市井走向私隐的住宅中心部分。

瑞府强调的是私家府邸，设计目的是用内向围合方式，创造一片“桃花源地”，达到“虽身处繁华，却独享清净”的目的。建筑师提出：“内院才是中粮·瑞府项目真正的核心价值，对于不熟悉中粮·瑞府的人而言，这个项目可能就是一个知名度高、价值高与市场认可度高的‘三高’明星楼盘，而当我们以此为起点细细阅读整个设计，不难发现中粮·瑞府的备受关注其实来自它空间次序系统性的文化基因。”所谓“云因何住，云何降服其心。”古人们孜孜不倦地思考着“物我”与“心我”的双重二元并存，如果说街巷系统满足了“物我”的转变过程，那么每一家中的内院空间，则是对于“心我”转变的最佳写照。

因为低密度、低层，府邸建筑设计就颇费心机。我看到整个瑞府的建筑都采用了单层围园、双层筑府的手法，是考虑到中国

人习惯内敛，讲究接地气，追求平层与低层的起居舒适的因素。因此建筑师们才提出了“府园别墅将皇家宫园的平面结构升华为局部二层，增添了建筑整体的层次感与韵律感，更加符合现代生活对空间使用的需求，平展后的空间比现有的别墅产品增加了近一倍，更为舒展、宽大、通透”这一套建筑设计的指引。

整个项目都是低层府邸，从外看仅仅两层而已，这些户型颇大的建筑掩映在大树绿荫之中，低建筑密度，在外面走走，只见绿荫拥簇的府巷的上层、顶部和院墙。步入府宅内部则是别有洞天，院落内外，宁静、清净，相得益彰。总体来说，就是住宅建筑内向围合成园，单双层建筑互为依托，多重园景分布府内，府宅外部是园林，进入府宅内部是天井、院落中的园林，遍地锦绣。

瑞府项目我细细地看了好几次，做了记录，研究了建筑师的设计笔记，整个项目的确是有一个循序渐进、符合逻辑发展的架构的。他们的设计指引提出几个原则，在整个园区体现得很清楚。

第一个指引是“静享灵犀，五园成府”，意思是园是中国人心灵与现实世界的联系，塑造了居者自主的天地，以静观宇宙，格新成悟。中国相王府第，讲究“三山五园”，府邸之内，园林与建筑彼此相融，徜徉于园中犹如漫步在山水之间，与府邸相呼应。府园别墅打造层次丰富的多院组园，以景观园为中心，内庭园内多重园景错落规划，廊回路转之际，建筑与自然相映成趣，也就是提出五个园就成为一个府的标准指引。

府宅的内庭都是景观，在设计上是颇为讲究的。不同于西方的外向型庭院，瑞府的府宅将北方庭院和南方庭院，两者融会贯通，既内向大气规整，又私密情趣活跃。具体的设计方式，是把北方的风水、气候因素与南方的人文情怀，融合在一起，构筑在院落的设计里，宽大敞亮，又别具一格。

在整个瑞府的平面图上，可以看出府宅之间是联排的方式，但徜徉在园区中，却总以为建筑与建筑之间是星罗棋布的，其原因也在于设计师采用了五个园林、住宅单元连在一起的隐形联排方式。因为是围合布局，同时在联排上采用了林木分隔、立面有凹凸处理的方式，因此并不感觉到是一排建筑物。可以看出，设计师在车水马龙的喧嚣中，很用心地营造一个个宁静的小世界。

第二个指引是："尊贵仪度，三进礼府"。这一点是根据传统府宅的"层层递进，尊长有序"的空间礼数，南北进府，东西入园，按照传统概念，形成三进布局。府园别墅之内，主厅与厢房，主园与分园，主服分区、长幼分区的伦理规制，进退之间，纵享尊贵。

瑞府的户型比较丰富，根据建筑师的介绍，每一户住户都享有几个不同形状、大小的内院，它们自成完整的体系，渗透到建筑的每一个角落，和功能空间交织在一起：客厅、餐厅及主卧合

而面对中心庭院；住宅入口、卧室有其独享的小院子，甚而连书房、浴室以及走道都有；客厅甚至可以在三个方向面对不同的庭院，人对自然的渴望得以充分满足，而不同院落所构建的丰富空间也使居住者感受到其中的无穷乐趣。

以“恭户型”为例，可以看到瑞府的府宅设计如何沿用礼制空间的原则。这个类型的府宅，通过设计，对空间进行分隔和处理，对原有建筑内部进行重新分隔组织，从而更好地符合当代使用功能的要求，达到很好的主人私密空间，起居赏景。而在家庭活动层，则采用院落开放空间，提供家庭成员休憩活动的大环境：地下一层是收藏、娱乐、雅好、消遣空间；地下二层是纯粹的功能层，提供给住户一个面积宽敞的辅助功能空间，可用来储存、停车。顺理成章、流畅自然的设计，让人感到舒适和自在。

仅仅从建筑设计的角度而言，这样的组团形式保证了最高的效率，也确保了每一户业主的绝对私密性。每户单元的围墙都精心考虑了高度以避免了可能的视线干扰，而内院本身则给住户提供了与家人共享天伦的最佳场所。设计上反复测算，避免邻居及院内外的干扰，通过精细的规划布局，保证家庭生活的私密性，是总体考虑的重要一步。

这并不是建筑师异想天开的创造发明，而是对中华居住智慧、对空间处理的最高层次的继承。所谓“远亲不如近邻”，中国文化

中常常强调“街坊”的可贵。实质上人们对于公共空间以及公共生活的尊重和营建，本质上来自对于“私有”的清晰定义——界定出了“私”的范围和程度，“公”也会更加清晰。坐拥寂静的坊巷与围合的庭院，“仰观宇宙之大，俯察品类之盛”。于俯仰之间参天悟地，这便是中国人千百年来习惯了的居住方式，也是植根于他们心中浓得化不开的院落情结。

第三个指引，是设计风格上的要求：“外刚内柔，威严显府”。具体到设计上，就是在瑞府的府园别墅设计中，一方面秉承传统中式建筑屋基、屋身、屋顶三段式结构，同时用现代手法表现重构。首层及以下墙体和庭院围墙采用稳重的德国红砂构成厚重稳定的屋基，面向内院和二层采用柔和细腻的枫丹白露构成屋身，釉面陶瓦构成屋顶，两种石材之间以紫铜腰线分割。达到的效果就是建筑整体立面外刚内柔，建筑外部威严大气，内部空间精致细腻。

因为是新中式的作品，所以设计上特别注意到私密与舒适的微妙平衡。与西方别墅不同，中国传统建筑保持含蓄地外向互动，表现为多墙、深门、少对外窗，这与文化体系中内省、克己、礼的要求完成了形与境的统一。这里的住宅建筑都采用内向围合成园，单双层建筑互为依托，多重园景分布府内，以房子取代围墙合出内向庭院更保证了居者的私密性。这里的单层建筑层高最高

部分可达 4.5 米，三面采光及观景，大落地窗设计，室外庭院景观一览无余。经过精密设计，在不牺牲采光、观景、居住舒适度的同时，保证家庭生活的私密性。

他们特别强调细节赋予生活更多细微而有趣的变化这一要点，通过细节让建筑更具有吸引力。瑞府的府园建筑是从中国传统建筑形式中提炼围墙、门坊、街景等元素，再辅以现代技术、材料和建筑理念，在保持建筑的文化底蕴和清晰历史脉络的基础上，对舒适度进行了前所未有的超越。

宅院大门是一个重要的细节和符号，这门不单是出入口，还是一个家庭的象征，门头用传统的建筑细节处理，精雕瑞兽，镇宅辟邪，非常中国化。

建筑的材质以石材为主，全石材立面铺装，连隐蔽的线脚檐柱都不例外。建筑形体一气呵成，石材耐磨、耐腐蚀，我们看到欧洲那些古罗马、文艺复兴时期的石材建筑物，现在依然具有极为吸引人的亲和感，就知道为什么这么广泛地使用进口石材做立面铺装了。立面铺装的石材之间是有分缝的，而分缝的好坏决定了整个建筑的品质，考虑防水层的变形能力，采取必要的结构或者构造措施，以避免和减轻防水层开裂，达到防水的功效。

墙体腰线是不可或缺的点缀，府园别墅用全金属铜线打造墙体腰线，就像一根美丽的腰线，环绕在墙面砖中，为建筑的墙面

增色，改变空间的气氛。

第四个指引是针对景观布局结构的：“起承转合，如画归园”。之所以用这个原则，是因为提倡设计上的大道自然，宁静致远，要将建筑系统融入自然地形、地貌，深层次设计，“虽由人作，宛自天开”。园林组合上打破了传统的对称格局，追求诗文之意的舒展开合、起承转合。以庭院为单位，流动而又连续的观赏路线，向人们展开了一个个连续的画面，把各种建筑与园林组织到统一协调的气氛之中。

景观具体的设计，是根据“踞山倚岸、山水绕园”的原则，倚山环抱，流水环绕，西南两侧依高地形，筑叠石，形成护府之势；东北两侧滨河，流水环抱，天然水乡意境。一山护府如虎踞，一水绕城似龙蟠，藏风聚气风水园，建筑、人与自然融为一体。

建筑师对这里的景观设计提出了自己的看法：西方园林的规则来自征服自然的骄傲与成就感，而东方园林的恣意洒脱，则来自“身在庙堂之高，心归江湖之远”的追求。在一个以农耕文化为主的社会，自然界所指代的其实是对于本能需求的满足，这些满足在意识层面就会转化为“内心宁静”与“至善的安全感”。这或许就是为什么中国文人往往以隐于名山大川作为理想的归宿，也是新一代中国富豪的寻找自我价值回归之路。

在瑞府中，我细细地看整个布局规划，知道整个园区是沿用了“两经三纬、婉转入园”这条指引而设计的。他们提出，《考工记》载：“匠人营国，经纬纵横。”因此在道路布局上，采用了两经、三纬主府道，绿树成荫，府道折线蜿蜒，步移景随，“五步一楼，十步一阁”，府道相连，静默守望。确实有这样的传统景观效果。为了造景，建筑师们采用了“五庭十院、风景满园”的方法，建筑、花草、树木、石景等紧密结合，造就殿宇楼台、楼阁回廊。府巷之间布景五庭十院，曲径蜿蜒，移步换景。

瑞府的造园是颇下功夫的，所谓“重园叠翠、处处赏园”，在瑞府内，中心景观园与多重庭院组合，在保证私密空间的同时，又使得每个居室都与花园有着紧密的连接和互动，最大限度地增加居者与自然的融合。

具体到每一个单独住宅单位内部的造园造景，瑞府另外有一套方法，即“壶中天地、诗意沁园”，具体的设计是通过建筑的围合与障壁，将优美的山水安置在篱落之间。前庭后园，主园分园，建筑之中融合自然，人与自然紧密结合，提供一个住户私隐的景观空间，品茶会友、纳凉养心，弈棋清谈，内部的活动均藏纳于具体府宅的庭园中。我走进几个样板间的中庭、地下层内庭，都有这种完全脱离喧闹的尘世的感觉，很安宁。

从规划到设计，中粮·瑞府的每一处空间处理，都和千年以来的北京城的构造、人文脉络有着脱不开的关系。瑞府中有国际学校、高尔夫球场、马术俱乐部，生活、休闲配套一应俱全，是极方便和舒适的。旁边是3.8万平方米城市公园，所谓“临湖而居，双岸护府”，现在已经成大气候了，真是有感触。

2015年，中粮·瑞府荣获第52届美国PCBC太平洋国际建筑协会Gold Nugget Awards（金块奖）“国际最佳在建项目大奖”。

“金块奖”是目前全世界建筑艺术大奖中规模最大、最具权威性的奖项，素有“国际建筑界的奥斯卡”之称，是全球公认的优异建筑标识，授予全球住宅、商业以及工业项目中在建筑设计、土地规划等方面有杰出创造性成就的发展商与设计者。“金块奖”与“奥斯卡”一样并非商业奖项，以参选项目在设计规划中的审美价值、创新价值以及行业和市场影响力作为评选标准。

上海骏地文化建筑是承接这个项目设计的主要单位，建筑师们在回顾这个项目的时候说道：“面对社会这么多的关注，中粮·瑞府是一个挑战，更是一个创新机遇。诚如我们所知，每一个设计，本质上都唤醒了人潜意识中的文化认同。中粮·瑞府正是那样努力的：尊重并延续传统的城市肌理，撇去浮名，用设计本身唤醒人们心中的偏好与认同，用新的手法阐释具有历史意义的空间逻辑。”

这就是它表达自身的方式，这是我们看它的方式，静水流深，花落何处。

并非结束的话

既具有现代建筑的结构、功能，同时在建筑的立面、空间布置、装饰细节上采用了国家、地区、民族、民俗传统的特点，形成具有民族性的现代建筑，这种探索由来已久，到21世纪依然是一个很引人瞩目的探索和设计方向。

建筑家对这个探索有不同的称谓，比如在国内有称之为“现代中式”建筑，或者“中式现代建筑”，等等。这个词在西方建筑界的称谓也比较多，并没有达到约定俗成的水平，有人称之为“地方主义”、“本土主义”，是英语中的“regionalism”、“localism”的中文译法。无论怎样称谓，这类建筑就是指现代建筑吸收本地的、民族的、民俗的风格，使现代建筑体现出地方特定风格。

这类建筑的主张，早在战后的日本现代建筑中就已经得到体现，丹下健三的广岛原子弹受害者纪念公园以及香川会所的设计，都部分地吸收了日本当地的民族建筑动机，比较早地体现出地方主义的发展趋向。以后一系列日本当代建筑家的作品，都有类似的探索趋向。地方主义不等于地方传统建筑的仿古、复旧，地方主义依然是现代建筑的组成部分，在功能上、构造上都遵循现代的标准和需求，仅仅在形式上部分吸收传统的动机而已。

欧洲和美国采取完全摆脱欧洲古典主义传统建筑的方式，因此在现代主义上走的是比较绝对化的创新道路，少有欧美现代主义建筑师企图恢复地方特色。直到后现代主义时期，才出现全面恢复传统、地方特色的各种流派。后现代主义在使用古典风格上，具有强烈的理论依据，也具有很深的意识形态上对于现代主义思想和文化的抵制立场。这里提到的地方主义，则往往没有如此深刻的理念立场，比较强调在形式上体现地方特色，仅此而已，具有很大的实用主义倾向。

如果观察亚洲国家对于地方主义建筑的发展，基本通过4种途径来实现，而且在中国都可看到程度不同的试验。

第一个发展方向叫作“复兴传统建筑”（reinvigorating tradition）：这种方式也被称为“振兴民俗风格”或者“振兴地方风格”（evoking the vernacular）的手法，比较全面地突出传统建筑的特征，具有现代复古的感觉。其特点是把传统、地方建筑的基本构筑和形式保持下来，加以强化处理，突出文化特色，删除琐碎的细节，基本是把传统和地方建筑加以简单化处理，突出形式特征。比较突出的代表性建筑包括有泰国布纳格建筑设计事务所（Bunnag Architects）1996 年设计的印度尼西亚巴利的“诺富特·贝诺阿酒店”（Novotel Benoa），20 世纪 70 年代梁思成在扬州设计的鉴真纪念堂、冯纪忠 20 世纪 70 年代末在上海设计的方塔园建筑，这些建筑基本都是采用了比较纯粹的民俗建筑特征，强化了形式特点，突出了地方特色，而省略了传统、地方建筑的部分细节，效果很突出。

这类建筑在中国目前主要集中在旅游建筑中，陕西历史博物馆和西安博物院都是比较典型的仿唐建筑。仿古建筑一般仅仅是模仿了古代建筑的形式特点，而结构上则依然是钢筋混凝土框架式的，因为这些建筑具有很突出的现代功能，比如博物馆、现代酒店，不可能也不需要全面复古，因此方式就是采用传统形式，而结构、空间设计则现代化了。

第二个发展方向叫作“发展传统建筑”（reinveting tradition）：从字面来看，也就是重新探索传统形式的

2017.3

建筑。这种方式具有比较明显的运用传统、地方建筑的典型符号来强调民族传统、地方传统和民俗风格。与第一种类型相比，这种手法更加讲究符号性和象征性，在结构上则不一定遵循传统的方式。比较典型的例子有贝聿铭在2007年完成的苏州博物馆，泰国布纳格设计事务所1996年在缅甸仰光设计的“坎道基皇宫大旅馆”（Kandawgyi Palace Hotel），日本建筑师坂口俊也（Kazuhiro Ishii）1993年设计的日本圣胡安海洋博物馆，柯里亚1986年至1992年在印度斋普尔设计的“斋普尔艺术中心”（Jawahar Kala Kendra，Jaipur），泰国阿基才夫建筑事务所1996年在马尔代夫共和国设计的“榕树马尔代夫度假旅馆”（Architrave Designand Plan-ning，Banyan Tree Maldives）。进入21世纪以来，亚洲采用这种方式设计和建造了不少非常有特点的高级酒店，都是在传统民族建筑基础上发展而成的，比如泰国的曼谷半岛酒店（The Peninsula Bangkok）、曼谷四面佛凯悦酒店（Grand Hyatt Erawan Bangkok）、普吉岛悦榕庄（Banyan Tree Phuket）、普吉岛阿曼布里度假村（Amanpuri），巴厘岛乌玛乌布酒店（Uma Ubud Hotel，Bali）、悦榕庄酒店（Banyan Tree hotels），等等。在设计上，突出个性，每一个酒店都具有不同特点，并且非常注意酒店所在地点的传统建筑、文化特点、历史事件的凸现。在印度尼西亚的巴厘岛、泰国的普吉岛，在中国的好多城市和风景区，都相继出现这类国际水准的精品酒店，是建筑设计上很值得注意的一个发展方向。

第三个方向称为“重新诠释传统建筑”（reinterpreting tradition）：这种方式颇接近后现代主义的某些手法，与西方建筑家手法的不同仅仅在于西方建筑家使用的是西方古典主义的建筑符号，或者西方通俗文化的符号和色彩，而这个流派则主张使用亚洲和其他非西方国家的传统建筑符号来强调建筑的文脉感。

第四种类型的发展叫作“扩展传统建筑”（extending tradition）：所谓扩展传统建筑，是使用传统形式，扩展成为现代的用途，比如教育机构、大型旅馆、度假中心、高级住宅区的设计。这些类型的结构是传统、地方建筑以往没有的，这就形成所谓的“扩展”，扩展是指功能的扩展，而形式上则是传统的。中国建筑家吴良镛 1987 年开始设计的北京的菊儿胡同住宅群使用了北京传统四合院的构造，但是加以重叠、反复、延伸处理，也是扩展了传统、地方建筑特征，使之具有现代的功能和内容，被称为“有机更新”，并荣获联合国的有关奖项。在中国住宅建设热的21世纪，中式现代住宅越来越多见，比如万科2004年在深圳建设的“第五园”、矶崎新事务所参与设计的上海“九间堂”，刘力设计的素质天一墅，安徽合肥的“和庄”，龙湖公司在北京的“颐和原著”，成都、广州、广东中山的“清华坊”，还有新加坡的威廉·林建筑设计事务所1990年设计的“路透住宅”，日本建筑家畏研吾（Kengo Kuma）1996年设计的“森林舞台”（Stage in the Forest），印度尼西亚的格拉哈西普塔·哈第普拉纳设计事务所1997年在印度尼西亚巴利设计的“丽晶旅馆”（Dedi Kusnadi of Grahacipta Hadlprana Desbooffice，the Legian）也具有类似的特点。这种方式很受欢迎，因为并不局限于传统的框架内，而能够以反复扩展、重叠等手法来强调地方建筑、传统民族建筑的动机，并同时达到为现代服务的功能性目的。

瑞府是扩展传统建筑方向上发展的另外一个高度。它根植于中国传统的文化审美和居住习惯，既具现代功能，又符合当代中国高端人群的精神追求，让中国人住进了中国人自己的房子。能够对这个项目写上一些感想，对于我自己来说是很有意义的，希望新中式在中国有更加壮阔的发展前景。

王受之

2017 年 8 月 5 日，洛杉矶